U0011918

Costco
肉料理好食提案

百萬網友都說讚！

100 道最想吃的肉類分裝、保存、調理包、精選食譜

暢銷修訂版

只要動手做，就能感受到下廚的美好！

Amy 來自於傳統客家的大家庭，排行老八（有 7 個姐姐，1 個妹妹及弟弟），很特別的是，從小到大其他姐妹都不愛進廚房，唯獨我樂此不疲！小時候常和父母到菜園裡灌溉採收，也常在廚房裡進進出出，練就來自媽媽傳承給我客家傳統美味的廚藝！

出嫁後，Amy 的先生是一位道地的閩南人，婆婆的廚藝也不是蓋的，從她那邊也吸收到了一些台式料理的精華。雖然婆婆現在已經不在了，可是讓我在廚藝上受益良多。

接觸到西式料理的部份，是在 Amy 住進了某個大型社區之後，因為社區內有超多駐台的外籍人士，常常會舉行聚會，也開啟了我的無國界餐桌風景。

這麼多年來，我常常覺得廚藝是「練」出來的，廚藝要精進就是要多練習，有證照不見得會有廚藝。然而在練習中最重要的是要避免犯錯，所以把自己的心得分享給大家，跳過容易犯錯的部份，讓很多料理新手從食譜分享及學習變成料理高手。看著家人和朋友們享用美食之後的滿足模樣，作料理也是一件很快樂，而且有成就感的事呢！

Amy 家的餐桌上會隨著季節和時令出現各種不同風味的料理，而 Costco 大份量、價格實惠的食材，更是我們家採買的首選！而食材買回來之後，要如何分裝及保存，這可是大學問了！這本書中收錄了大家最想知道的分裝技巧及保存方式，當然還有很棒的調理包延伸料理，利用假日一次熬煮就能變化出一週的菜色，對於忙碌的上班族或是小家庭來說，有效的分裝、料理、調理方式都能輕鬆做出一道道美味佳餚！

最後，Amy 要和大家分享，不管是哪一種料理，學會先品嚐它的味道後，然後靠自己的味覺體驗與食材的搭配，調製出屬於自己的美味。只要動手做，就能感受到下廚的美好！

Amy

只要有心，人人都可以是料理魔法師！

　　小時候，Rachel 住在四周有著稻田環繞的純樸鄉村，在那個完全不流行外食的年代，我的母親和左鄰右舍的婆婆媽媽們即便再怎麼忙碌，依舊天天下廚安頓全家人的胃。為了幫繁忙的媽媽承擔點家務，小學二年級還矮不隆冬的我，便開始進廚房踏上小板凳站在爐子前、拿起鍋鏟學習幫媽媽分攤廚事。我特別喜歡傍晚放學快到家時，家家戶戶廚房開始飄出的陣陣飯菜香，那是一股讓人期待又感到安定的味道，而我進家門放下書包後的第一件事，就是衝進廚房偷嚐幾口盤中飧，那是記憶裡雖平凡卻雋永的幸福日常。

　　但隨著時代的變化，曾幾何時，各式餐館林立，外食族與日俱增，上館子不再是偶而為之的新鮮事，平常再不過的在家自炊，到了我們這一代反而變成了需擁有特殊才藝的媽媽才會變的魔法。我很慶幸小時候來自媽媽的教導及耳濡目染，結婚生子後為了照顧家人的健康，我心甘情願走入廚房，家裡餐桌上不僅時常飄著令人稱羨的飯菜香，也由於和朋友分享易上手的食譜作法，讓他們也成功複製而愛上下廚，彼此都得到了莫大的肯定與成就感。這幾年隨著層出不窮的食安與健康問題，終於有越來越多人又開始重新審視在家開伙重回餐桌這件事。

　　有人擔心自己的手藝不好，其實為家人或是朋友料理，不需要高超的烹飪技巧，也不需要多高級的料理工具，最重要的是用天然的食材和為家人、朋友下廚的美意，不僅暖胃，更有守護他們健康的一片真心。

　　現代人生活忙碌，為了鼓勵大家多多開伙減少外食，這本書 Rachel 設計上食材不僅取得方便，食譜作法也盡量詳細易操作，除了分享如何利用假日大量採購食材後正確安全分裝，也教導大家如何自製調理包及多元利用。

　　只要有心，人人都可以是家人、朋友心目中的超級魔法師，更是重視他們健康的貼心天使，真心希望大家可以回歸廚房，在餐桌上創造更多的笑聲 、 回憶與感情。

Rachel

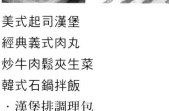

02 豬肉 Pork　　by Rachel

豬梅花肉排

豬排骨

豬小里肌肉

雞翅

04 熟食與燒烤肉片 Barbecue　　by Rachel

烤雞

料理常用道具

新手入門，你一定要知道的事！

料理中最重要的就是份量及比例。正確的比例讓新手一次就成功，錯誤的比例就算嘗試多次也很難成功！

（a）一般電子秤

當份量較多、又需要準確測量重量時，一般電子秤正好符合這個需求，且電子式的秤準確度較高，誤差也較小。

（b）精密電子秤

有時食譜中的材料會需要 1g、5g 這種較精密的克（g）數，一般電子秤大多沒有到這麼精密，這時精密電子秤就派上用場了，比起一般電子秤誤差值更小的精密電子秤適用於此。

（c）量匙

本書所提到的量匙份量皆以制式量匙為基準，1 大匙 15cc、1 小匙 5cc、1 茶匙 2.5cc。量匙幾乎是家家戶戶必備的好幫手，雖然精密度不比電子秤高，但是操作方法簡單而且取得容易，所以依然受到大家的愛戴！

食譜中的配方比僅做為參考數值，請依照個人喜好的味道做調整，不需要追求到完全的準確，調味後還是需要親自試吃，才能調整出個人喜愛的口味。

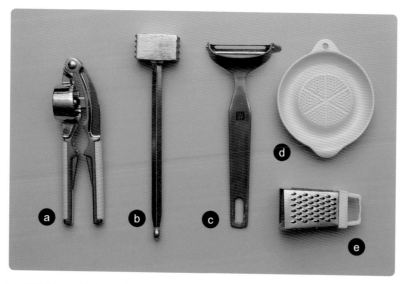

厲害的小幫手們，讓你下廚不慌張、省時又省力！

如果沒有他們的幫忙，就算有三頭六臂也忙不過來的！

（a）壓蒜器

將大蒜放入輕輕一壓，大蒜泥就完成了！不止不用剝皮、更不用弄得滿手都是，清洗也十分容易。

（b）肉錘

輕輕的捶打在肉排上，不但可以讓肉質變得更鬆軟，還能幫助肉排更加入味，是讓肉排變美味的好幫手唷。

（c）削皮器

用刀子削皮總削的稜稜角角的，而且不知不覺浪費了好多能使用的材料。削皮器不但能削出比較漂亮均勻的表面，更能大幅減少食材的浪費，是料理的必備好夥伴。

（d）研磨器

不論是薑、蘿蔔，還是其他蔬果食材，只要用研磨器就可以迅速的得到食材研磨出來的泥！

（e）迷你刨絲器

刨絲器有分大小，不只能研磨起司，還能將蔬菜刨成絲；有了它再也不用切絲切到手痠了。

在實際用途中，每種刀具都有其獨特的優點，好用的刀具及刀法都會影響烹飪的品質。

（a）食物專用剪

廚房中必備的專用剪刀，可分生食及熟食來使用，可剪蔬菜、水果、肉品、海鮮等食材。剪刀代替刀具，最大的好處是無需砧板，只要徒手就能剪切食物，只要有一把萬用不銹鋼廚房剪刀，完全不需使用砧板，即可輕鬆處理食材。

（b）削皮刀

適合將厚皮的白蘿蔔或芋頭去皮使用，也適用水果削皮、切割處理。

（c）鋸齒刀

大鋸齒刀適用於切蛋糕和麵包，小鋸齒狀水果刀較適合切富含水份水果，例如：柳丁、大番茄等。因鋸齒狀的設計，可讓水果的汁液較不易留下，不會流失水果原有的水份。

（d）日式廚刀

這是一把萬用刀，切片或切塊及切丁，連剁碎都好用，廚房最好用的刀非它莫屬。

（a）打蛋器

用於攪拌打發或拌勻材料來使用。

（b）萬用濾網

可當果汁網、濾油網、濾網等多用途使用。

（c）料理夾

無論是料理時的拌炒，或是餐桌上夾取佳餚都可使用。

（d）耐熱矽膠刷

耐熱矽膠刷是廚房的好幫手，料理或烘焙都會用上，將鍋子刷油或刷果膠液、蛋汁、奶油或糖漿都很好用！矽膠材質清洗方便且易保存，異於傳統毛刷有邊刷邊掉毛、保存不易及易有臭味的困擾。

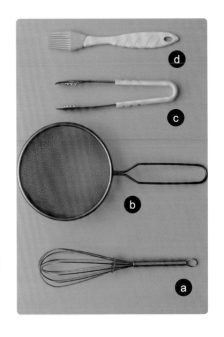

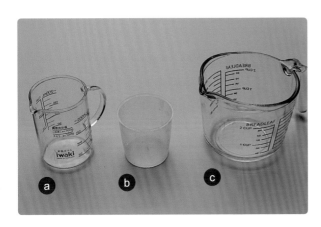

量杯是烘焙與料理的測量好幫手。

（a）小量杯

方便量醬油或米酒等使用。

（b）量米杯

制式量米杯，可以取代其他的量杯，只要有電鍋都會附贈這個量米杯，適用於需要一定容量比例時使用。

（c）大量杯

適用於量杯功能外，還能當調理杯使用。

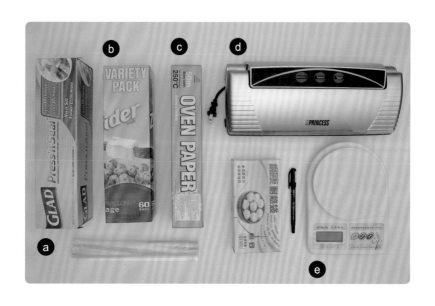

（a）冷凍專用保鮮膜

好市多必敗之一：具有粘性的保鮮膜，用了這個保鮮膜分裝退冰，完全沒有血水到處滴的困擾，因為這保鮮膜有粘性，可以完全密封食物，無論是冷藏保鮮或是冷凍保存都非常適用。

（b）密封式夾鏈袋

這款保鮮袋厚度很厚，將食物裝進袋內拉緊封口拉鍊，即能讓封口完全密封而達到保鮮之功用，可防止生鮮食品腥味外散並確保冰箱乾淨清潔，適用於冷凍保存或冷藏保鮮。

（c）烤盤紙

此為食物烹調專用紙，耐熱溫度為攝氏 250 度。適用於烤箱、微波爐、舖在蒸煮食品的容器裡使用，還能將肉品或是乳酪等食材個別包裝再放入保鮮袋裡，放入冰箱保存使用。

（d）真空包裝機

利用抽真空方式將食材分裝，冷藏或是冷凍保存之外，也適用於各種乾貨或調理包分裝使用。尤其外出露營或野餐烤肉時，用真空包裝方式不只好攜帶也能確保食材的保鮮。

（e）電子秤

進行分裝食材或是烘焙、料理食材需要確認重量時，廚房絕不能少的工具之一。

關於肉品的保存

現在人生活忙碌，大部分的人常會趁著假日或空閒時間到大賣場或市場，採買一週甚至更多份量的食材。**Costco** 賣場內肉品種類多又衛生，且價格優惠，往往是大家採買大量食材的第一選擇，但也因為份量十足，小家庭常擔心如果無法於短時間之內使用完該怎麼辦呢？

一般新鮮肉品冷藏約可存放 2～3 天，但只要用恰當的方式冷凍分裝保存，不僅可以有效且安全的延長保存期限，還能節省得常常外出採購的時間。如果一次性大量做成料理調理包冷凍保存，還能有效節省重複烹調的時間及避免材料的浪費，而且自己煮美味又健康，要吃的時候解凍加熱即可食，不論對於忙碌的家庭或是單身貴族來說，都是方便理想的新飲食烹調生活方式。

肉品冷凍保存及使用技巧

❶ 新鮮肉品依據每次習慣使用的份量分成數份（利用磅秤秤重），放入密封袋中，袋口拉上只留下一小開口（約 2 公分），將食物盡量以「薄扁」方式整平，並將多餘空氣壓出後完全密合密封袋，接著放入冷凍庫平放保存。如果是面積或體積較大的，如五花肉條、梅花豬排等，記得先用保鮮膜包起來後盡量減少空氣接觸，再放入密封袋（一樣記得壓出空氣），不僅可以防止肉品表面乾燥，也可確實做到保鮮效果。

❷ 生鮮肉品冷凍大約可存放 2～3 週（越早使用完畢越好），肉品分裝好放入冷凍前，一定要記得標示儲存的日期，以免無法判斷新鮮度，萬一擔心不得已丟掉反而造成食材浪費。另外還可以在冰箱外頭貼一張清單表和保鮮期，避免不小心放過期，及反覆開冰箱確認造成溫度不穩定讓食物變質。

❸ 生鮮肉品較好的解凍方式是冷藏解凍，可於前一晚將隔天要用到的肉品轉放到冷藏室自然慢慢解凍，此方式才不會因溫度急遽變化而讓肉品變質較安心喔。

調理包冷凍保存及使用技巧

❶ 烹調好的料理如果要做成調理包，必須等食物完全降溫冷卻後，先在密封袋上標上食材的品項／分裝日期／重量，然後秤出需求的份量一一舀入，接著將密封袋拉上只留下一小開口（約 2 公分），將食物盡量整平，並將多餘空氣壓出後完全密合密  封袋，接著放入冷凍庫平放保存。調理包約可存放 1 個月（越早食用完畢越好）。一樣可以在冰箱外頭貼一張清單表和保鮮期，避免不小心放過期，及反覆開冰箱確認造成溫度不穩定讓食物變質。

❷ 調理包可使用微波爐解凍加熱，將調理包從冷凍庫取出放入適合微波用器皿中，並將密封袋開一縫隙再進行解凍，解凍完成再將料理倒進容器裡進行微波加熱。沒有微波爐的人也可於前一晚將隔天要用到的調理包轉放到冷藏室自然慢慢解凍，再將已解凍的調理包料理倒進一小鍋中用瓦斯爐進行加熱（用小火慢慢加熱避免燒焦）。若是臨時從冷凍庫取出過不久就要使用，也可將調理包放入熱水中加熱（注意密封袋有耐熱溫度不可過高），待稍軟化可順利將料理倒入小鍋中，繼續用瓦斯爐小火加熱完成。

01

牛肉 Beef

牛排 steak

Costco 的牛排一向是熱門強項商品，基本上 Costco 的牛肉主要的牛排部位都有，有厚切也有薄切，需要份量多一點還有整條未修清的各部位牛排，價格經濟又實惠！

美國 choice 紐約客牛排 (1159/1kg)　　美國 choice 沙朗牛排 (1399/1kg)
美國 choice 無骨牛小排 (655/1kg)　　美國 choice 戰斧牛排 (999/1kg)
美國牛排分 USDA Prime & Choice 兩種等級，前者肉質與油花分布較優，但價格也較貴，可依照個人需求選購。

分裝與保存

`保存法 1` **分適量包裝**

1　通常採買的無骨牛小排都是切好一大盒的包裝，先取出這二天會使用到的份量，再來進行分裝。

2　可使用食物真空袋或密封袋，盡量將袋內的空氣排出或擠出。

3　註明食材品項／分裝日期／重量，放冰箱冷凍。

- 2～3 週冷凍保存
- 自然解凍或是以微波爐解凍

保存法 2 　每一片分開包裝

1 可以將每片牛排用食物真空袋、保鮮膜或密封袋分開包裝，註明食材品項／分裝日期／重量，放冷凍保存，料理前一晚移至冷藏區進行解凍約 8 小時，依牛排的大小需要解凍的時間而不一。

- 2 ～ 3 週冷凍保存
- 自然解凍或是以微波爐解凍

2 解凍的方式則很重要，最忌諱是直接放入水中解凍，溫差過大反而會讓肉汁流失過多，煎出的牛排美味會因此大打折扣喔！

保存法 3 　切成適口大小

1 將牛排切成適口大小，可用來燉煮、熬湯等，方便下次使用，節省做菜時間。

2 將切好的肉塊放進食物密封袋裡，肉塊要平整放好不重疊，盡量將袋內的空氣排出或擠出。

3 註明食材品項／分裝日期／重量，放冰箱冷凍。

- 2 ～ 3 週冷凍保存
- 自然解凍或是以微波爐解凍

Tips1

在煎牛排之前,一定要將牛排在室溫下回溫 20 ～ 30 分鐘,視牛排的厚度及大小片而定,目的是讓牛排內的溫度達到一致,下鍋時才不會因溫差過大造成牛排內部的血水流失。料理前用少許的海鹽及胡椒粉調味,淋上少許的橄欖油塗抹在牛排的兩面。

Tips2

煎牛排可使用牛排燒烤鍋或平底鍋,熱鍋並且倒入少許的油,開中大火加熱,當鍋內的溫度或油紋出現時,表示溫度已達到,這時可將牛排下鍋煎。

Tips3

平底鍋也能煎出好牛排,剛下鍋的 20 秒用大火煎,因為牛排是生的剛下鍋會降低油溫,之後就轉中火,視牛排的厚度及喜歡的熟度,約 2 分鐘後將牛排換面再煎 2 分鐘。煎好後的牛排室溫下靜置 10 ～ 15 分鐘,讓牛排原本的肉汁再回流至每個組織內,才不會切開造成牛排內的血水全流出。

Tips4

利用煎完牛排所留下的美味油脂來炒
紫洋蔥絲,鍋底的焦黃可是精華呢!
可以加入少許的紅酒及巴薩米克醋調
味,就能獲得美味的牛排邊菜。

Tips5

燒烤盤上都會有煎完牛排的鍋底精
華,倒入一大匙的紅酒,用鍋鏟輕輕
的刮起這些渣渣(如果是燒焦黑色的
渣就不能使用),讓紅酒煮至酒精揮
發留下葡萄酒香,加入少許的海鹽提
味,這就是美味的紅酒醬汁。

沙朗牛排佐紅酒醬汁

食材

沙朗牛排 300g

彩色甜椒各 ⅓ 顆

綠花椰 3 朵

·醃料

橄欖油 1 小匙

海鹽 ½ 小匙

黑胡椒粉 ½ 小匙

·醬汁

紅酒 80cc

巴薩米克醋 1 大匙

海鹽 ½ 小匙

黑胡椒粉少許

大家都知道吃牛排時要配紅葡萄酒，但又是為什麼呢？

葡萄酒中的單寧帶有澀感，與牛排的油脂是絕配！

沙朗牛排的花紋分布均勻，

肉質口感滑嫩十分鮮甜且肉汁滿溢，非常適合佐紅酒醬汁。

作法

1. 先將牛排從冰箱冷藏取出回溫 30 分鐘備用。彩椒切大塊狀、綠花椰用熱水川燙熟備用。

2. 用醃料將牛排兩面塗抹均勻，醃製 15 分鐘使其入味。

3. 將牛排燒烤盤用中大火熱鍋後，鍋面用刷子塗抹一層油，放入牛排下鍋煎。

4. 煎至 2 分鐘後，將牛排翻面續煎。兩面都煎至喜歡的熟度，即可起鍋靜置在一旁。

5. 沿用剛才的燒烤盤放入彩椒，以小火煎熟。

6. 倒入紅酒做洗鍋的動作，用木鏟將鍋底的牛肉精華刮起，使其融入在紅酒醬汁裡。

7. 將燒烤盤裡的紅酒醬汁倒入醬汁鍋裡煮滾，再加入巴薩米克醋小火煮至濃稠狀，最後以海鹽及黑胡椒粉調味，即為紅酒醬汁。

Tips

· 牛排在料理前 30 分鐘，需從冰箱冷藏取出先回溫，再進行簡單的醃製，下鍋前熱鍋一定要確實才不會黏鍋，鎖住牛排內部肉汁（以下牛排皆同）。

· 牛排起鍋後要靜置 10 ～ 15 分鐘後，讓肉汁都回流至牛排內部各處組織，呈現鮮嫩多汁才能享用（以下牛排皆同）。

· 紅酒要煮至酒精揮發，留下葡萄酒香，而煎好牛排的鍋底渣渣都是美味精華，別浪費呦！

香煎牛小排佐紫洋蔥醬汁

無骨牛小排有著與其他牛排不同之處，它適合各種牛排的熟度，

不論是想吃幾分熟的牛排口感或煎烤至全熟，都能品嚐到豐富細緻的口感外，

其充滿牛肉香醇的風味挑動著味蕾，保證唇齒留香。

佐上紫洋蔥醬汁嚐得到牛小排的焦香口感，風味濃郁卻不膩口，美味極了！

食材

無骨牛小排 300g

綠花椰 3 朵

玉米筍 3 根

紅蘿蔔片 3 片

· 醃料

橄欖油 1 小匙

海鹽 ½ 小匙

黑胡椒粉 ½ 小匙

· 紫洋蔥醬汁

紫洋蔥 1 顆（中）

蒜頭 2 瓣

紅酒 60cc

巴薩米克醋 1 大匙

海鹽 1 小匙

黑胡椒粉 ½ 小匙

作法

1　將紫洋蔥切絲、蒜頭切片。

2　用醃料將無骨牛小排兩面塗抹均勻，醃製 15 分鐘使其入味。

3　煮一鍋滾熱的水將蔬菜川燙熟，備用。

4　平底鍋用大火熱鍋後，鍋面用刷子塗抹一層油，油溫達到放入牛小排下鍋煎 20 秒後轉中火。

5　煎至 2 分鐘後，將牛小排翻面續煎 2 分鐘，每面都煎上色。煎好後先起鍋放一旁備用。

6　沿用剛才的平底鍋來製作紫洋蔥醬汁，放入蒜片及紫洋蔥絲以中小火拌炒。

7　洋蔥絲炒至透明狀時，倒入紅酒，煮至酒精揮發留下葡萄酒香。最後加入巴薩米克醋，再以海鹽及黑胡椒粉調味即完成。

Tips

牛小排煎好後也可利用烤箱烘烤，烤溫 180℃，時間約 5 ～ 7 分鐘，讓牛小排的表面呈現焦香，風味十足！

紐約客佐奶油磨菇醬

食材

紐約客牛排 300g

敏豆 5 根

小番茄 3 顆

紫洋蔥片 2 片

橄欖油少許

· 醃料

橄欖油 1 小匙

海鹽 ½ 小匙

黑胡椒粉 ½ 小匙

· 蘑菇醬調味料

蒜頭 2 瓣

蘑菇 50g

紅酒 50cc

動物性鮮奶油 30g

牛肉高湯 20cc

海鹽 ½ 小匙

黑胡椒粉 ½ 小匙

無鹽奶油 15g

這道奶油磨菇醬，絕對跟你平常吃到的不一樣！

奶油磨菇醬中帶有鮮奶油的奶香味，但因為有加入紅酒，

讓味道不只是單純的奶香，而是帶有紅酒香氣的升級版奶油磨菇醬。

紐約客牛排搭配奶油磨菇醬，更能品嚐到嚼勁十足的肉感。

作法

1　將蒜頭及蘑菇都切片。

2　用醃料將紐約客牛排兩面塗抹均勻，醃製 15 分鐘使其入味。

3　將蒜片及蘑菇片放入平底鍋以奶油炒香。

4　奶油蘑菇醬：倒入紅酒、鮮奶油，牛肉高湯以小火煮至濃稠狀，最後加入海鹽及黑胡椒粉調味。

5　將牛排燒烤盤用中大火熱鍋後，鍋面用刷子塗抹一層油，放入牛排下鍋煎。

6　煎至 1 分鐘後，將牛排翻面續煎。

7　煎牛排的同時，將紫洋蔥片及敏豆放一旁煎煮。牛排兩面都煎至喜歡的熟度，即可起鍋。

Tips

建議 3 ～ 5 分熟是其最美味的口感。

沙朗佐黑胡椒鐵板麵

黑胡椒鐵板麵是夜市的經典美食，每次逛夜市經過牛排攤總是人滿為患呢！
簡單的黑胡椒醬加上油麵是我們常見的組合，這次搭配鮮嫩多汁帶有嚼勁的沙朗，
除了黑胡椒的香氣，更多了沙朗的肉汁精華，整體變得更美味了！

食材

沙朗牛排 300g　　　　　蔥花少許

黑胡椒醬 100g　　　　　無鹽奶油 15g

油麵 1 人份　　　　　　海鹽少許

雞蛋 1 顆　　　　　　　·醃料

洋蔥 ¼ 顆　　　　　　　橄欖油 1 小匙

彩色甜椒各 ¼ 顆　　　　黑胡椒粉 1 小匙

青蔥 1 根　　　　　　　海鹽 1 小匙

作法

1　將洋蔥及彩色甜椒切絲、青蔥切段。

2　沙朗牛排用醃料塗抹兩面，醃製約 15 分鐘使其入味。

3　將牛排燒烤盤用中大火熱鍋後，鍋面用刷子塗抹一層油，放入牛排下鍋煎。

4　煎至 2 分鐘後，將牛排翻面。兩面都煎至喜歡的熟度，即可起鍋靜置在一旁。

5　沿用剛才的燒烤盤放入奶油，以中小火拌炒洋蔥絲及蔥段，再加入麵條及彩色甜椒拌炒。

6　完成前加入黑胡椒醬拌炒入味即完成。

7　將完成的牛排及炒麵做擺盤並撒上蔥花，再煎一顆荷包蛋就完成了！

戰斧牛排

食材

戰斧牛排 1.2kg　　紫洋蔥片 1 顆

海鹽適量　　　　綠花椰菜 1 顆

黑胡椒粉適量　　紅蘿蔔片適量

橄欖油適量

蒜片 5 瓣

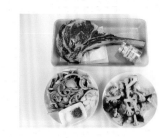

「戰斧牛排」是聚會開趴最棒的牛排料理首選之一，

給朋友們來個大驚喜，端出這道「戰斧牛排」，

可真的會令人終身難忘呢！

作法

1　將已回溫的戰斧牛排，灑上黑胡椒粉和海鹽，並淋上少許的橄欖油。

2　將調味料和橄欖油用手將戰斧牛排每一面都輕輕按摩抹勻。

3　準備一個可進烤箱的鑄鐵燒烤盤，以中大火燒熱烤盤，並用刷子抹上少許的油；熱鍋後，放上醃製好的戰斧牛排。

4　以中大火煎，大約 3 分鐘後翻面，翻面後再煎 3 分鐘，煎出格紋狀；兩面都要煎出格紋狀。接著側邊再煎上色，鎖住肉汁。

5　熄火後牛排起鍋備用，先放紫洋蔥片和蒜片，並灑上少許的黑胡椒粉及海鹽調味，再放牛排。

6　將戰斧牛排覆蓋上鋁箔紙，送進已預熱好的烤箱，以 230℃烤約 10 分鐘；烤箱取出後，鋁箔紙覆蓋靜置 10 ～ 15 分鐘，讓戰斧牛排內部的肉汁回流至每個組織裡。

7　上桌前再放上已水煮好的綠花椰菜和紅蘿蔔片，鮮嫩多汁的戰斧牛排完成囉！

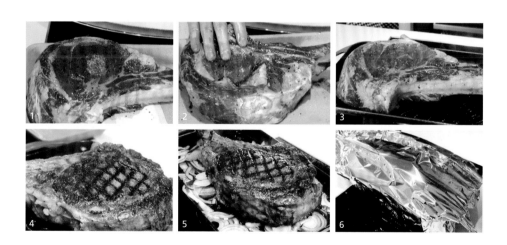

Tips

事先將戰斧牛排自冷藏取出，置於室溫約 30 分鐘左右，盡量讓牛排的溫度接近室溫，這樣料理後牛排內部的熟度才容易達到完美狀態。

清燉牛肉麵

紅燒與清燉最大的不同是，清燉可以吃出原味。

使用品質好的牛肉，再加入洋蔥、芹菜、紅蘿蔔等天然食材＋高湯熬煮出來

甘醇鮮甜的湯汁，湯頭濃郁又清爽的口感遠勝「紅燒」。

食材

無骨牛小排 600g	牛大骨高湯適量	月桂葉 2 片
米酒 50cc	紅蘿蔔 1 根	麵條適量
海鹽少許	洋蔥 (小) 4 顆	青菜適量
黑胡椒粉少許	青蔥 1 根	蔥花 少許
西洋芹 2 根	薑片 3 片	

作法

1 選用喜歡的麵條和青菜。

2 準備一個燉鍋，熱鍋後放入無骨牛小排煎至焦香狀，加入米酒煮至酒精揮發留下酒香（用鍋鏟將鍋底焦香的精華刮起，這是美味的來源）。

3 加入洋蔥、紅蘿蔔、西洋芹、月桂葉、薑片及黑胡椒粒，青蔥綁成束狀一起放入，注入適量的牛骨高湯（高湯超過食材約 5 公分即可）。

4 煮滾後撈除表面的浮末雜質，蓋上鍋蓋轉小火慢燉 50 分鐘。燉煮完成前加入海鹽調味。

5 另外準備一鍋水煮滾後，放入青菜川燙至熟，起鍋後再加入麵條煮至喜歡的熟度。

6 將清燉好的牛肉切成片狀，搭配豐富又有層次的湯頭，麵條吸附了美味的湯汁，每一口都嚐得到牛肉真正的好滋味。

Tips

清燉的美味來自於：利用多種根莖類及牛大骨小火燉煮出的高湯做成湯底（請見 p63 牛高湯製作）。將無骨牛小排煎至焦香狀再加入適量的牛骨高湯及蔬菜，以細火慢燉方式讓清燉牛肉更加有層次。

烤迷迭香彩椒牛小排

品質好的無骨牛小排只要用鹽、黑胡椒簡單調味就很好吃，
搭配彩椒還可以中和一下油膩感。

食材

無骨牛小排 200g	・調味料
紅甜椒 ½ 顆	鹽 1 茶匙
黃甜椒 ½ 顆	粗黑胡椒粒適量
青椒 ½ 顆	橄欖油 1 大匙
新鮮迷迭香 1 支	

作法

1　彩椒洗淨切塊、牛小排切小塊、迷迭香洗淨取葉。

2　牛小排和彩椒用所有調味料及迷迭香拌勻抓醃一下。

3　將牛小排和彩椒間隔擺放，用烤肉串一一串起來後烤熟即可。

Tips

・牛小排不要烤太久以免太老。

・烤的時候剝掉迷迭香或是塞在食材中間，不要和熱源直接接觸，不然很容易烤焦。

絞牛肉 ground beef

到 Costco 採買時，最愛這一大盒的低脂絞牛肉，常見的肉丸子或漢堡排絕不能少了它，炒成香鬆或煮成牛肉粥都是非常受歡迎的菜色。由於絞牛肉不適合長時間冷藏，保存較容易腐壞，買回家後一定要立即分裝放冷凍保存，這樣才能方便料理使用。

 美國低脂絞牛肉 (259/1kg)

 分裝與保存

保存法 1 分成小袋

1 通常採買絞牛肉都是一大盒的包裝，除了取出當天會使用的份量之外，剩下的絞牛肉一定要分裝及冷凍保存。

2 包裝時請盡可能鋪平，每袋的份量也不要太厚，這樣放進冰箱冷凍才能快速結凍，保持肉品原有的鮮度。

3 分裝時用手輕輕將袋內的空氣排出，註明食材品項／分裝日期／重量。

4 為了方便每次所需的用量，可用筷子在包裝上輕壓出線條壓痕，放進冷凍時要鋪平，冷凍定型後可方便下次料理時取出所需的絞牛肉。

- 2 ～ 3 週冷凍保存
- 自然解凍或是以微波爐解凍

保存法 2 做成漢堡排

可以先做成漢堡肉，用冷凍專用保鮮膜或密封袋
將漢堡肉分別包裝，放進冰箱冷凍保存。製作方
法請見 p48 漢堡排調理包。

- 3～4 週冷凍保存
- 自然解凍或是以微波爐解凍

保存法 3 做成肉醬

肉醬是大小朋友們的最愛，熬煮好要等冷卻後才
能分裝，可使用玻璃保鮮盒或食物密封袋來分裝
保存。製作方法請見 p51 波隆那肉醬調理包。

- 3～4 週冷凍保存
- 自然解凍或是以微波爐解凍

這樣處理更好吃

Tips1

加入多種天然辛香料及洋蔥丁拌成的肉
餡，利用蛋汁來增加絞牛肉的鮮嫩口感也
是美味秘訣之一。拌好的肉餡可用於漢堡
排或肉丸子，做成包子或餡餅的內餡！

Tips2

當拌肉餡時，一定要以順時針方向將
絞牛肉攪拌出產生黏性，這樣做出的
成品才會鮮嫩多汁。

美式起司漢堡

漢堡是常見的速食選擇，

但有時在外面吃到的又覺得口感不夠鮮嫩多汁，或是煎的不夠焦香。

自己動手做的漢堡不只能控制想要的漢堡排大小，更可額外加入想吃的蔬菜。

焦香鮮嫩的漢堡排搭配爽脆的蔬菜，加上起司片的點綴，

完美的美式起司漢堡就完成囉！

食材

漢堡餐包 2 個
絞牛肉 200g
・調味料
薑泥 1 小匙
蒜泥 1 小匙

海鹽 ½ 小匙
牛排 A1 醬 ½ 大匙
黑胡椒粉 ½ 小匙
・漢堡配菜
起司片 2 片

生菜 2 片
洋蔥適量
彩色甜椒適量
番茄 1 顆
小黃瓜 1 根

作法

1 將蔬菜清洗乾淨，瀝乾水份備用。

2 番茄及小黃瓜都切片。

3 絞牛肉加入所有的調味料攪拌均勻。

4 將攪拌入味的絞牛肉分成 2 份，用雙手摔打出黏性，漢堡肉中間用大拇指壓出凹槽。

5 熱油鍋後，使用小火將漢堡肉下鍋煎至兩面焦香。

6 將起司片放在漢堡肉上，鍋邊加入一小匙的水，蓋上鍋蓋約 1 分鐘讓起司融化。

7 將烤熱的漢堡餐包剖半，舖上生菜及彩椒等蔬菜，最後放上漢堡肉即完成。

Tips

漢堡肉要摔打出黏性，才會鮮嫩多汁喔！

經典義式肉丸

富有肉汁精華及葡萄酒香的番茄醬汁，口感不止酸甜，更有豐富的層次！

一口咬下肉丸，肉汁漫溢的口感配上特調醬汁，讓人想一顆接一顆。

這道經典義式肉丸也很適合搭配義大利麵一起享用，

濃濃的異國風情彷彿就身在義大利。

食材

絞牛肉 300g	海鹽 1 小匙	月桂葉 2 片
麵包粉 1 大匙	黑胡椒粉 ½ 小匙	細砂糖 1 小匙
帕瑪森乳酪粉 1 大匙	・番茄醬汁	海鹽適量
雞蛋 1 顆	番茄泥 200g	黑胡椒粉適量
・調味料	洋蔥碎 60g	橄欖油 ½ 大匙
義式香料粉 1 小匙	紅酒 100cc	
匈牙利紅椒粉 ½ 小匙	蒜末 2 小匙	

作法

1 將絞牛肉放入調理碗裡，依序加入麵包粉、帕瑪森乳酪粉、雞蛋等材料，再加入所有的調味料。

2 用叉子將絞牛肉以順時針方向，攪拌至絞肉產生黏性。

3 用雙手將肉丸摔打並製作成小丸子，可完成 12 ～ 13 顆義式肉丸。

4 熱油鍋後，將肉丸分次下鍋煎至表面焦香，起鍋備用。

5 沿用剛才的鍋，將番茄醬汁所有的材料下鍋煮至濃稠狀。

6 再將義式肉丸放入醬汁裡煮約 5 ～ 6 分鐘即完成。

Tips

義式肉丸一次可多做一些放冰箱冷凍保存，搭配義大利麵或配菜都非常美味。

炒牛肉鬆夾生菜

平常我們吃到的絞牛肉大多數都是做成滷肉燥、肉醬，較少看到做成炒牛肉鬆。

那當絞牛肉做成炒牛肉鬆時，又會變得怎樣呢？

爽口的生菜與濃郁的炒牛肉鬆，大大的反差讓這道菜激出了不一樣的火花，

請務必要試試看唷！

食材

絞牛肉 300g

萵苣生菜 6 ～ 8 片

紅甜椒半顆

黃甜椒半顆

紅蘿蔔半根

西洋芹 1 根

蒜末 1 小匙

薑末 1 小匙

食用油適量

・調味料

醬油 1 大匙

蠔油 ½ 大匙

米酒 1 大匙

細砂糖 1 小匙

芝麻香油 1 小匙

作法

1　將萵苣清洗乾淨，瀝乾水份。

2　用廚房專用剪刀將萵苣剪出圓形容器。

3　將彩色甜椒、紅蘿蔔、西洋芹等蔬菜都切成細丁。

4　熱油鍋後，蒜末及薑末下鍋炒香，再倒入絞牛肉炒上色，炒至鬆散狀時加入所有的調味料拌炒入味。

5　最後加入蔬菜丁炒約 1 分鐘即可熄火，將炒好的絞牛肉放在萵苣上擺盤就完成了。

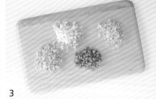

Tips

絞牛肉要炒至鬆散狀再加入調味料，才會好吃又入味。

韓式石鍋拌飯

平凡無奇的白飯經過石鍋的加持化身為脆脆的鍋巴飯，搭配爽口的豆芽及海帶芽、
微辣又脆脆的泡菜及蘿蔔、經過拌炒的絞牛肉、半熟的荷包蛋，
這些看似簡單的食材，組合起來就成了美味的韓式石鍋拌飯！

食材

冷飯 2 碗	辣蘿蔔 50g	味霖 1 大匙	·拌飯醬料
絞牛肉 200g	雞蛋 1 顆	醬油 1 大匙	韓式辣椒醬 3 大匙
洋蔥末 50g	食用油適量	細砂糖 ½ 大匙	米酒 1 大匙
黃豆芽 60g	·調味料 A	·調味料 B	味霖 1 大匙
菠菜 80g	薑末 1 小匙	芝麻香油適量	醬油 1 大匙
海帶芽 20g	蒜末 1 小匙	海鹽適量	細砂糖 ½ 大匙
韓式泡菜 50g	米酒 1 大匙	白芝麻粒（熟）適量	蒜末 2 小匙
			薑末 1 小匙

作法

1　海帶芽先用冷水泡開，煮一鍋熱水，分次將菠菜、黃豆芽、海帶芽川燙熟。

2　熱油鍋後，將絞牛肉炒至上色，再倒入調味料 A 拌炒入味，起鍋備用。

3　將川燙熟的海帶芽、菠菜、黃豆芽用調味料 B 分別調味做成涼拌菜。

4　使用 16 公分的圓鍋，鍋子裡抹油再放入冷飯。

5　將拌飯醬料全部放入鍋裡煮滾，將醬料攪拌均勻即可熄火。

6　在冷飯上塗抹一大匙的拌飯醬料，再將炒好的絞牛肉及其他的配菜一一排放在冷飯上。

7　煎好一顆半熟的荷包蛋放在中間，將鍋子放在爐火上以小火加熱約 8 分鐘，喜歡鍋巴多一些可多煮幾分鐘。

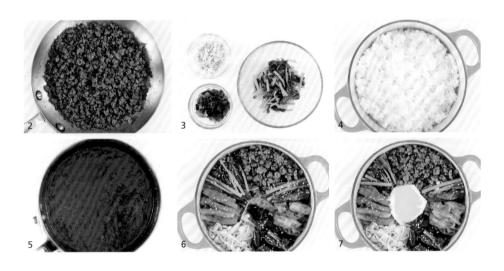

Tips

鍋子一定要抹油，冷飯下鍋才容易煮出鍋巴飯。

漢堡排調理包

食材

絞牛肉 300g

豬絞肉 150g

洋蔥 1 顆

雞蛋 1 顆

食用油 ½ 大匙

・調味料

黑胡椒粉 1 小匙

匈牙利紅椒粉 1 小匙

小茴香粉 1 小匙

海鹽 ½ 大匙

麵包粉 3 大匙

芝麻香油 1 小匙

作法

1　將洋蔥切成細丁狀；絞牛肉和豬絞肉用菜刀剁到有黏性，或使用食物攪拌機攪拌到產生黏性。

2　油倒入鍋裡加熱，放入洋蔥末炒至透明狀放涼備用。

3　準備大調理碗，將絞牛肉、豬絞肉和炒熟的洋蔥末，以及所有調味料和蛋全部一起攪拌。

4　以順時針方向攪拌至出現黏性。

5　再取適量的絞肉用雙手將漢堡肉甩打幾下整型成圓餅狀，中間用大拇指壓下凹洞。取一張冷凍專用的保鮮膜或保鮮盒，將生漢堡肉分裝保存。

6　分別包裝好放入冰箱冷凍成型即可。

7　食用前稍微退冰一下就可下鍋煎成漢堡排。

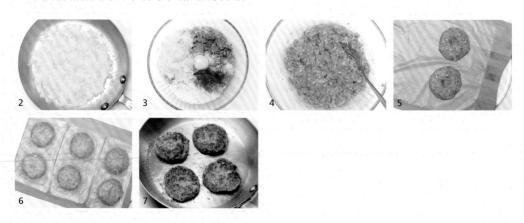

Tips

漢堡肉整型成圓餅狀時，中間用大拇指壓出凹洞，在煎煮時可以幫助受熱，避免中間不熟。

和風漢堡排佐歐姆蛋

漢堡排不再只是漢堡排！和風口味的漢堡排搭配歐姆蛋一點都不為過，輕爽又美味。
色彩繽紛的蔬菜丁加上滑溜的鴻喜菇，讓不愛吃青菜的小朋友都會吃光光呢～

食材

漢堡排調理包3片（約270克）

彩色甜椒丁3大匙

鴻喜菇適量

秋葵3根

鹽適量

食用油適量

胡麻味噌醬1大匙

歐姆蛋

雞蛋2顆

太白粉水 ½ 大匙

牛奶1大匙

鹽 ½ 小匙

作法

1　將歐姆蛋所有材料拌勻，再用濾網過濾蛋汁，會讓蛋汁更加細緻。

2　熱油鍋後，將漢堡排下鍋兩面煎成焦香，起鍋備用。

3　沿用剛才的鍋，將鴻喜菇下鍋拌炒，再依序放入彩椒丁及秋葵拌炒，熄火前加入適量的鹽調味即可。

4　另起油鍋，將蛋汁下鍋，用筷子或叉子將蛋汁稍微攪拌一下呈現小蛋塊狀，此時即可熄火，利用鍋子餘溫讓蛋汁半熟，再用鍋鏟捲起即可起鍋。

5　用生菜做擺盤，放上漢堡排和歐姆蛋，加上炒好的蔬菜配料即完成，可搭配胡麻味噌醬一起食用（作法請見 p252 胡麻味噌醬）。

焗烤薯泥漢堡排

充滿奶香的薯泥搭配漢堡排,味道中和起來溫和,
卻讓人一口接一口,再加上牽絲的起司,總讓大家為之瘋狂呢!

食材

漢堡排調理包 2 片(約 180 克)
馬鈴薯(大)1 顆
番茄醬 ½ 大匙
乳酪絲適量
水煮綠花椰適量
黑胡椒粉少許
海鹽少許
無鹽奶油 1 小塊

作法

1　將馬鈴薯用熱水煮至熟透,取出去皮,加入一小塊
　的奶油搗成薯泥,再以少許的海鹽和黑胡椒粉調味。

2　熱油鍋後,放入漢堡排兩面都煎上色,起鍋備用。

3　將薯泥舖在烤盅裡,放上漢堡排和花椰菜,淋上番
　茄醬,撒上乳酪絲送進烤箱烤上色,即完成。

Tips

烤箱溫度設定 180℃,烘烤約 8 ～ 10 分鐘,乳酪絲融化變金黃色即可出爐。

波隆那肉醬調理包

食材

絞牛肉 400g

豬絞肉 200g

洋蔥 2 顆

紅蘿蔔 2 根

西洋芹 2 根

罐頭番茄（去皮）2 罐（1 罐 400g）

紅酒 300cc

蒜末 3 瓣

月桂葉 2 片

橄欖油 1 大匙

・調味料

調味料

義式香料粉 1 小匙

細砂糖 1 大匙

鹽適量

作法

1 將洋蔥、紅蘿蔔、西洋芹都切成細丁，蒜頭切末。

2 加入橄欖油，熱鍋後，以中小火將洋蔥炒至透明狀加入蒜泥拌炒出香氣，依序將紅蘿蔔及西洋芹下鍋炒至軟。

3 加入絞肉，繼續拌炒到上色。

4 放入月桂葉，倒入紅酒煮至酒精揮發，保留紅酒香氣。

5 加入番茄泥及糖，稍做拌炒，煮滾後轉小火慢燉約 1 小時。

6 燉煮完成前加入義式香料粉和鹽調味。

7 肉醬可用玻璃保鮮盒做分裝，放冰箱冷藏或冷凍保存。

Tips

熬煮肉醬時，建議使用番茄罐頭，酸度佳，色澤風味皆完熟，味道會更好！

肉醬千層麵

義大利傳統肉醬千層麵是最有代表性的義大利美食。
利用番茄肉醬為底，以一層乳酪絲一層肉醬覆蓋住千層麵，
再放入烤箱即可烘烤出好吃的焗烤千層麵，一整個美味！

食材

波隆那肉醬調理包 1 份（約 300 克）
義大利千層麵 4 片
乳酪絲適量
帕瑪森乳酪粉適量
海鹽（煮麵用）½ 大匙

作法

1. 將波隆那肉醬加熱好，備用。

2. 煮一鍋熱水放入海鹽煮滾，將千層麵下鍋煮至8 分熟，烹煮時間可參考包裝背面的說明。

3. 準備一個烤盤，烤盤抹一層油，放入一片千層麵，再舖上一層肉醬和少許的乳酪絲，反覆多次將千層麵用完。

4. 最後撒上乳酪絲，將肉醬千層麵送進烤箱，以180℃的烤溫烘烤至乳酪融化變金黃香酥狀，即可出爐。

5. 出爐後可切成兩人份，撒上帕瑪森乳酪粉即可享用。

義式肉醬起司 pizza

相較單純的番茄醬汁，肉醬做成 pizza 醬汁可以讓整體口味更提升。
搭配色彩繽紛的彩色甜椒與綠花椰，以及黑橄欖片點綴，
不論外觀或口味都很不平凡呢！

食材

波隆那肉醬調理包 2 大匙
pizza 麵皮 1 片
水煮綠花椰適量
彩色甜椒絲適量
黑橄欖片適量
橄欖油少許
乳酪絲適量

作法

1 烤箱先預熱 220℃，備用。

2 將鑄鐵平底鍋或烤盤抹一層油，放進 pizza 麵皮，
   加入 2 大匙的肉醬抹平，保留麵皮邊 1 公分不需抹
   肉醬。

3 依序放上蔬菜和黑橄欖片，撒上乳酪絲，送進烤箱
   烘烤上色，烘烤約 12 分鐘即可出爐。

牛腱 heel muscle vp

牛腱又為牛腱心，是屬於常運動的部位，筋紋呈現花狀，經過燉煮後口感 Q 彈又美味，非常適合滷或清燉，切成薄片炒或涮火鍋都好吃。到 Costco 時絕不能少買這個牛腱肉，大包裝非常划算！

 美國牛腱心真空包 (409 元 /1kg)

分裝與保存

保存法 1　切成適口大小

1 將牛腱切成適口大小，可以拿來燉煮、熬湯等，變化出各式的料理。

2 將切好的肉塊放進食物真空袋或食物密封袋，並將空氣擠出。

3 將包裝好的牛腱肉註明食材品項／分裝日期／重量等，平整放冰箱冷凍保存。

- 2～3 週冷凍保存
- 自然解凍或是以微波爐解凍

保存法 2　做成調理包

滷好的牛腱可使用小份量做分裝，方便每次的食用份量。食用前退冰即可。製作方法請見 P64 滷牛腱調理包。

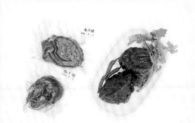

- 3～4 週冷凍保存
- 自然解凍或是以微波爐解凍

保存法 3 整塊包裝

1 通常買回來的包裝裡都有 2 個大牛腱，分裝前先用刀子將牛腱的筋膜及肥油切下，修整乾淨再分裝。

2 使用食物真空袋或食物密封袋皆可，將袋內的空氣抽出或擠出，真空狀態更能將肉品的鮮度保留住。

3 將包裝好的牛腱註明食材品項／分裝日期／重量等，放冰箱冷凍保存。

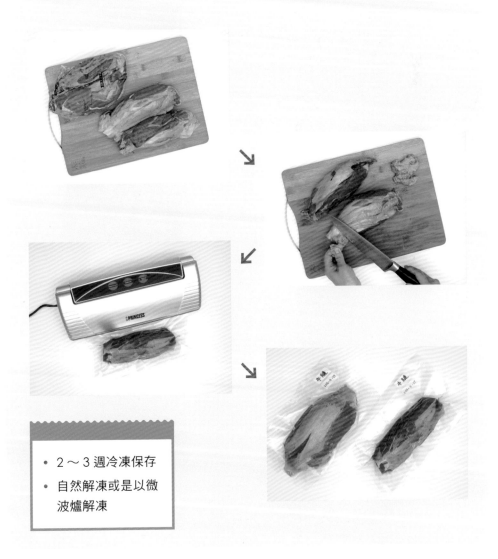

• 2 ～ 3 週冷凍保存

• 自然解凍或是以微波爐解凍

Tips1

通常牛腱都會有一些筋膜及肥油，用刀子將這些都切下，切下的筋膜及肥油都別浪費，可留下做成黑胡椒醬！

Tips2

牛腱都會有大小顆，要滷牛腱時可以整顆牛腱一起滷，不過切成塊狀不只能幫助入味，要食用時的份量也剛剛好，將牛腱切成 2～3 塊不等。

Tips3

不同的料理有不同的刀法，依照料理的需求先切斷牛腱的肌肉纖維紋理，再切成塊狀，經過滷煮後的口感 Q 彈且多汁。

Tips4

煮牛肉麵時可將牛腱先切斷肌肉紋理那面，再順著紋路切成條狀，經過滷煮後會更有些許嚼勁，嚐得到牛肉的鮮美。

Tips5

料理前要先將牛腱用熱水川燙以去除血水及雜質，再用冷水沖洗及瀝乾，這樣滷好的肉質及湯頭才會比較濃郁且鮮美。

Tips6

牛腱最適合燉及滷，加入多種根莖類蔬菜一起燉煮，還能軟化肉質，也吃得到自然鮮甜的美味。

無水蔬菜燉牛肉

無水料理是近年來流行的烹煮方式，源自於北非摩洛哥經典料理「塔吉 tagine」。
利用多種根莖類蔬菜，不加一滴水就能烹煮食材，無水料理成為一種健康料理新趨勢，
能充分品嚐到蔬菜與牛肉的原汁原味，更保留了當中的精華。

食材

牛腱 600g	青蔥 1 根	黑胡椒粉少許
·蔬菜類	·調味料	橄欖油適量
洋蔥 1 顆（中）	辣豆瓣醬 1 大匙	·辛香料
番茄 2 顆	沙茶醬 1 小匙	薑片 3 片
紅蘿蔔 1 根	醬油 3 大匙	蒜粒 5 瓣
白蘿蔔 1 根（中）	米酒 100cc	辣椒 1 根
西洋芹 2 根	鹽少許	月桂葉 2 片

作法

1 將白蘿蔔及紅蘿蔔去皮切塊、西洋芹除去粗纖維再切塊。

2 將牛腱切成塊狀、洋蔥及番茄都切塊狀。

3 煮一鍋熱水將切塊的牛腱川燙，再用冷水洗去血水及雜質。

4 熱油鍋後，炒香洋蔥及薑片、蒜粒，再將牛腱下鍋炒至表面焦香。

5 加入辣豆瓣醬及沙茶醬炒出香氣，倒入醬油拌炒上色，再從鍋緣倒入米酒嗆出酒香，放入辣椒及月桂葉一起拌炒。

6 將蔬菜及青蔥都放入鍋裡稍加拌炒，以蔬菜舖底的方式來燉煮，煮滾後蓋上鍋蓋轉小火慢燉約 60 分鐘，過程中可開蓋稍加拌炒一下。

7 經過長時間燉煮後，會釋放出蔬菜的水份及鮮甜的滋味，只需以少許的鹽及黑胡椒粉調味。

Tips

無水料理建議挑選水份多的蔬菜，如洋蔥、番茄、蘿蔔、高麗菜等食材，烹煮時盡量將蔬菜舖在鍋底，可幫助蔬菜釋出水份，也不容易產生黏鍋，全程一定要使用小火來燉煮。

羅宋湯

羅宋湯的起源地是烏克蘭，

是以甜菜根為主搭配新鮮的根莖類熬煮成的湯品，不論冷熱都可以享用。

經過熬煮的牛腱變得軟嫩，而番茄的酸甜更是整鍋湯的精華所在！

冷冷的天喝上一碗充滿豐富營養配料的羅宋湯，搭配吸飽湯汁精華的麵包，

暖了胃的同時也暖了心。

食材

牛腱 600g	番茄 2 顆	・調味料
番茄罐頭 1 罐（450g）	紅蘿蔔 1 根	黑胡椒粉 1 小匙
高湯 600cc	西洋芹 2 根	海鹽 1 小匙
橄欖油 1 大匙	甜菜根 300g	・辛香料
・蔬菜類	高麗菜 250g	蒜頭 2 瓣
洋蔥 1 顆（中）		月桂葉 3 片

作法

1 番茄底部輕劃十字，放入熱水中川燙約 15 秒起鍋泡冷水，可輕鬆去除番茄皮。

2 將牛腱切成小塊狀，適口性的大小。將所有蔬菜都切成丁，蒜頭磨成泥。

3 熱油鍋後，洋蔥丁及蒜末下鍋炒香，再將牛腱肉炒至肉色反白，依序加入番茄丁、西洋芹、甜菜根及紅蘿蔔丁稍加拌炒。

4 倒入番茄罐頭，稍微將番茄壓碎，再加入月桂葉及高湯煮滾，蓋上鍋蓋轉小火燉煮約 50 分鐘。

5 經過燉煮後，蔬菜及肉類的鮮甜都會釋放出。

6 熄火前 5 分鐘放入高麗菜煮軟，以海鹽及胡椒粉調味即完成。

Tips

甜菜根的營養成分相當豐富，搭配牛肉一起燉煮更能釋放出營養元素。

紅燒牛肉麵

一碗牛肉麵的來頭可不簡單！想自己做卻覺得好像要花上大半天？
其實牛肉麵沒有想像中的那麼難，只要掌握好醬料比例以及料理步驟，再以細火慢燉方式，
將牛肉美味的精華完全與醬料融合，人人都能煮出一碗很不簡單的牛肉麵！

食材

牛腱 600g	小白菜適量	沙茶醬 ½ 大匙
洋蔥 1 顆（中）	麵條適量	醬油 5 大匙
番茄 1 顆（中）	蔥花少許	冰糖 1 小匙
青蔥 3 根	沙拉油適量	米酒 100cc
薑片 3 片	牛高湯 1200cc	黑胡椒粉 1 小匙
蒜粒 5 瓣	牛肉滷包 1 包	鹽適量
辣椒 2 根	辣豆瓣醬 1.5 大匙	

作法

1　洋蔥切丁、番茄切對半、青蔥捆成束狀。

2　去除牛腱多的肥油，順牛腱紋路切成條狀。

3　切好的牛腱用熱水川燙，取出後以冷水洗去雜質及血水。

4　熱油鍋後將洋蔥丁炒至透明狀，再放薑片、蒜粒、辣椒及牛腱下鍋拌炒上色，
　　倒入豆瓣醬、沙茶醬、醬油及冰糖下鍋拌炒。

5　從鍋緣倒入米酒嗆出酒香，大略拌炒一下，倒入牛高湯，放入切半的番茄、
　　洋蔥和青蔥，以及牛肉滷包等材料。

6　以中小火煮滾後，撈除湯頭表面的浮末雜質，蓋上鍋蓋轉小火慢燉 60 分鐘。

7　燉煮時間依個人喜愛的牛肉口感做調整，熄火前加入少許的鹽及黑胡椒粉調味。

8　另煮一鍋熱水，將麵條煮至喜歡的口感，小白菜川燙熟，就完成美味的牛肉麵！

牛高湯製作

牛大骨 1000g	月桂葉 2 片
紅蘿蔔 2 根	蒜頭 3 瓣
西洋芹 2 根	黑胡椒粒 15 顆
洋蔥 1 顆	青蔥 1 根

作法：將牛大骨先川燙過以去除血水及雜質，並把所有食材置入鍋裡，注水約 3 公升，煮滾後撈除表面浮末，然後蓋上鍋蓋，小火燉煮約 60 分鐘即可完成。

Tips

・可使用電鍋或壓力鍋來熬煮，如果使用壓力鍋或電鍋，都需要事先將牛肉塊拌
　炒調味，再移入電鍋內鍋裡燉煮，這樣煮出的料理會更有層次及風味。

・牛肉因每個產地及牛隻部位，所需要燉煮的時間都會不同，燉煮完成前湯頭的
　水份蓋過食材即可，這樣牛肉的味道才會濃郁。

滷牛腱調理包

食材

牛腱 1500g	水 1000cc	蒜頭 8 瓣
食用油適量	冰糖 2 大匙	辣椒 2 根
・滷汁	豆瓣醬 2 大匙	・包裝
牛肉滷包 1 包	・辛香料	食物密封袋（小）
醬油 250cc	青蔥 2 根	數個
米酒 250cc	薑片 6 片	

作法

1 準備所有材料，青蔥用料理棉繩綁成束狀。

2 將牛腱邊的筋膜及肥油去除，一顆牛腱肉切成 2～3 大塊。

3 準備一鍋熱水將牛腱肉川燙，再用冷水洗去雜質。

4 熱油鍋後，以小火煸香薑片、蒜頭和辣椒，再加入豆瓣醬及冰糖炒出香氣。

5 加入醬油拌炒，從鍋邊倒入米酒嗆出酒香，放牛腱肉、青蔥和牛肉滷包，注入水以中大火煮滾。

6 煮滾後蓋上鍋蓋，轉小火燉煮約 1 小時，熄火後放涼，連同滷汁一起浸泡放冰箱冷藏一晚。

7 隔天再將滷汁上的油脂撈起，滷好的牛腱肉再取出食用。

8 滷牛腱要經過冷藏後，肉質會變得更緊實，才好切成薄片。可用真空包或食物密封袋分裝，放冰箱冷藏或冷凍，食用前退冰回溫即可享用。

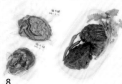

Tips

剩下的滷汁過濾後，可用鍋子再將滷汁煮至濃縮一半，放涼後用保鮮盒放冰箱冷凍保存，每次滷牛腱時可再添加使用，這就叫老滷。

香辣牛肉乾麵

充分運用多種配料熬成的滷汁，香辣的醬汁和麵條均勻攪拌後，
配上滷好的牛腱肉片，就是簡單又滿足的一餐。

食材

滷牛腱調理包 1 塊（約 200 克）

麵條 1 人份

青菜適量

蔥花適量

辣椒片 1 根

· 香辣醬汁

滷牛腱滷汁 2 大匙

醬油 ½ 大匙

辣籽油 1 小匙

蒜末 1 小匙

芝麻香油 1 小匙

作法

1　將滷牛腱切成薄片，備用。

2　調製香辣醬汁，將所有材料混合均勻。

3　煮一鍋熱水，將麵條下鍋煮熟、青菜燙熟。

4　將滷牛腱肉和青菜放在麵條上，淋上特製的香辣醬
　　汁，撒上辣椒片及蔥花即完成。

牛肉潛艇堡

新鮮蔬菜佐以自製醬料，再搭配滷牛腱的香氣，中西合併的感覺讓味蕾有新的觸動！
好吃又營養滿分的潛艇堡在家也能輕鬆享用。

食材

滷牛腱調理包 1 塊（約 200 克）

法棍麵包 1 根

·配菜	·醬料
生菜 3 ～ 4 片	市售塔塔醬 2 大匙
番茄片 1 顆	檸檬汁 1 大匙
小黃瓜片 1 根	酸黃瓜丁 1 小匙
酸黃瓜片適量	芥末醬 1 小匙
洋蔥絲適量	
切達起司片 4 片	

作法

1　將滷牛腱切成薄片，備用。

2　法棍麵包切兩大塊狀，麵包中間剖開 ⅔，不要切斷，並送進烤箱烤熱。

3　調製醬料，將所有材料混合均勻即可。

4　組合潛艇堡：將生菜放入麵包，依序放上洋蔥絲、番茄片、滷牛腱肉片、起司片、酸黃瓜片等配料，再淋上特製醬料，放上小黃瓜片即完成。

牛肋條 rib fingers vp

牛肋條取自牛肋骨與肋骨之間所挾帶的精肉，因為其中一面帶有一層軟筋膜，所以口感特別的軟 Q，同時肉質又帶有那麼一點點的嚼勁，是 BBQ 時最受歡迎的肉品之一。牛肋條與牛腱心同樣適合長時間的燉煮，不論是清燉或紅燒，都會保有牛肉風味與肉質鮮嫩甜美的絕佳口感。

 美國牛肋條真空包 (449 元 /1kg)

分裝與保存

保存法 1　分條包裝

採買回來的牛肋條通常都是真空包裝，可用真空袋或食物密封袋依照每次會使用的份量來包裝，註明食材品項／分裝日期／重量，放進冰箱冷凍保存。經過分裝後的牛肋條，能夠快速解凍及方便料理。

- 3 ～ 4 週冷凍保存
- 自然解凍或是以微波爐解凍

保存法 2　切塊保存

將牛肋條切成適口性大小，拿來燉煮、燒烤都非常適宜！切好後放入食物密封袋中，註明食材品項／分裝日期／重量，放進冰箱冷凍保存。

- 2 ～ 3 週冷凍保存
- 自然解凍或是以微波爐解凍

這樣處理更好吃

牛肋條有著豐富的油花,同時也會有一些
肥油,料理時可先將肥油的部份切下,再
切斷牛肋條的肌肉纖維紋理。切下的肥油
能用來製作黑胡椒醬!

Tips2

牛肋條切成條狀時可別切太小塊,因
為牛肋條經過加熱後體積會縮小,切
大塊點滷好時更能嚐到絕佳的口感。

Tips3

可以使用多種天然辛香料先醃製入味,至
少要醃製數小時,這樣燒烤出的牛肉口感
更是鮮嫩多汁!

Tips4

要快炒的牛肋條片,一定要先用黑胡
椒粉和油及鹽來醃製入味,不只能軟
化肉質,更能鎖住肉汁不流失。

Tips5

利用平底鍋以先煎後烤的方式,更能將牛肋條
的肉質鎖住,有著軟嫩多汁的口感。

法式紅酒燉牛肉

西式傳統料理中有一道很經典的美食就是勃根地紅酒燉牛肉，

起源於法國著名的葡萄酒產地：勃根地。

經典的作法便是採用當地出產的紅葡萄酒，再用烤箱低溫慢慢的燉煮牛肉，

將所有的精華保留下來。

入口即化的牛肉和充滿濃郁勃根地紅葡萄酒的香氣在口中瞬間爆發，

是法國經典料理中真正的功夫菜！！

食材

牛肋條 600g	紅蘿蔔 1 根	牛高湯 900cc
橄欖油適量	西洋芹 1 根	蒜泥 ½ 大匙
番茄 1 顆	香草束 1 束	黑胡椒粉 1 小匙
綠花椰半顆（配菜）	蒜頭 2 瓣	鹽少許
麵粉少許	紅酒 1 瓶（750cc）	
·醃醬	黑胡椒粒 15 粒	
洋蔥（中）2 顆	橄欖油 1 小匙	

作法

1　將紅蘿蔔削去外皮，西洋芹去除粗纖維部份，以及洋蔥都切小塊狀、番茄切丁備用。

2　將牛肋條切成大塊，經過燉煮後牛肉會變小塊。準備一個大調理碗，放入切塊的蔬菜及牛肋條，香草束、蒜頭、黑胡椒粒及橄欖油，再倒入一整瓶的紅酒，放冰箱冷藏醃製一晚。

3　料理前將醃製好的牛肋條及蔬菜取出，濾出的紅酒醬汁備用。將牛肋條裹上薄薄一層的麵粉。

4　準備一個可進烤箱的鑄鐵鍋或陶鍋，熱油鍋後，將牛肋條每面都煎上色，請分次下鍋煎。

5　牛肋條煎至表面焦香後，放入蒜泥、洋蔥及番茄等蔬菜丁拌炒出香氣，撒上黑胡椒粉再倒入紅酒醬汁煮滾，煮至酒精揮發只留下酒香。

6　放入香草束，倒入牛高湯煮滾，把鍋蓋蓋上準備進烤箱，確定牛肉在鍋內完全密封，好讓紅酒的香氣滲透進牛肉最深處。放到烤箱最底層用攝氏 160℃烤上 2 小時，進烤箱烘烤有個好處不用時時的攪動牛肉與蔬菜。取出後將牛肉、蔬菜都撈到另一個燉鍋，再將鍋裡的湯汁以中小火煮至濃稠狀，加入少許的鹽調味，上桌時再將燉好的濃稠湯汁倒入放牛肉與蔬菜（已燙熟的綠花椰菜）的燉鍋中。

Tips

· 香草束是由月桂葉、巴西里、百里香、奧勒岡、迷迭香等香草捆成束狀。

· 如果沒有烤箱，也可用爐火慢燉 2 ～ 3 小時，中間要不時攪動一下，牛肉的肉質會鮮嫩無比，燉煮完成後可將醬汁再煮濃稠一些。

· 喜歡吃大塊肉的口感，可以使用牛腱肉來燉煮也非常好吃。

蒜香燒烤牛肋條

燒烤總是可以讓食材增添一種火烤的香氣，
當牛肋條遇上燒烤，再加上鹹香的蒜粒來點綴，
不僅可以配飯更能當下酒菜，今天就讓我們一起來做吧！

食材

牛肋條 450g   醬油 1 大匙

蒜頭 6 瓣   米酒 1 大匙

生菜 1 顆   黑胡椒粉 1 小匙

彩色小番茄 20 顆   匈牙利紅椒粉 1 小匙

・醃料   鹽 ½ 小匙

月桂葉 2 片   味霖 1 小匙

蒜片 2 瓣

作法

1 將 2 瓣的蒜頭切片，生菜洗淨瀝乾水份。

2 將牛肋條切成適口性大小為佳。

3 再加入所有的醃料混合均勻，放冰箱冷藏醃製約 3 小時使其入味。

4 烤箱先預熱 180℃，取一個能進烤箱的煎鍋或烤盤，熱鍋後，將牛肋條及蒜粒下鍋稍微煎至表面焦香。

5 加入彩色小番茄，送進烤箱以 180℃燒烤約 8 ～ 10 分鐘，當牛肋條的表面呈現焦香狀即可出爐。

6 鹹香蒜味搭配軟嫩中帶些許嚼勁的牛肋條口感，是一道非常下飯的燒烤料理，更是最美味的下酒菜呢～

Tips

· 牛肋條可先用煎鍋鎖住肉汁，再送進烤箱烤出焦香的口感，烤熟的蒜粒及小番茄更能增添風味。

· 可以在前一晚先將牛肋條醃製好放冰箱冷藏，隔天要料理前 30 分鐘取出回溫即可。

蔥爆牛肋條

每到快炒店必點的絕對是這道蔥爆牛肋條。

蔥段以及牛肋條經過大火拌炒，香氣逼人，吸飽醬汁的蔥跟牛肉一樣開胃又下飯，

香辣又夠味的蔥爆牛肋條完全是一道下酒菜！

食材

牛肋條 300g	海鹽少許
青蔥 3 根	・醃料
辣椒 2 根	醬油膏 1 大匙
蒜頭 6 瓣	米酒 ½ 大匙
無鹽奶油 10g	細砂糖 1 小匙
食用油 ½ 大匙	黑胡椒粉 1 小匙
烏醋 1 小匙	匈牙利紅椒粉 1 小匙

作法

1　將牛肋條去筋及切除多的肥油，斜切成片狀。

2　青蔥切成蔥白及蔥段，將蒜頭及辣椒都切片狀。

3　牛肋條肉片加入醃料混合均勻，醃製約 15 分鐘入味。

4　熱油鍋，將蒜片爆香再加入醃製好的肉片下鍋，以中大火拌炒。

5　肉片上色後，加入蔥白及辣椒一起拌炒。

6　起鍋前，倒入烏醋嗆出香氣，以少許的鹽調味，最後加入無鹽奶油及蔥段下鍋拌炒即完成。

Tips

牛肋條要切成片狀，需先抓醃再以中大火拌炒，這樣更能嚐到牛肋條帶有些許嚼勁的口感，以快炒方式才不容易將牛肉片炒過熟。

02

豬肉 Pork

豬絞肉 ground pork

豬絞肉的用途非常廣泛，能夠變化的菜色也很多，可以做出各式肉醬、肉燥、肉排、肉丸等。若用來當配角不論是爆香或是和其他食材一起拌炒，簡單料理就是一道下飯菜，是一項經濟實惠又百搭的肉品。

 台灣低脂豬絞肉 (165/1kg)

分裝與保存

保存法 1 **分小袋包裝**

1 Costco 的絞肉是低脂絞肉，健康不油膩，非常受歡迎。一大盒買回家後，請依據每次習慣使用的份量，用食物密封袋分裝好。

2 將絞肉盡量壓扁整平（可用擀麵棍輔助）。把多餘空氣壓出後再完全密合密封袋。

3 註明食材的品項／分裝日期／重量，平放冰箱冷凍保存。

4 料理前一晚取出所需的份量移至冷藏區自然解凍。

- 2～3 週冷凍保存
- 自然解凍或是以微波爐解凍

保存法 2　做成調理包

可做成咖哩肉醬或茄汁蘑菇肉醬，加了自然鮮甜的蔬菜，滿滿的營養一鍋搞定！步驟簡單，料理方便。製作方法請見 p88 豬肉鮮菇咖哩調理包（圖左）、p91 茄汁蘑菇肉醬調理包（圖右）。

- 3～4 週冷凍保存
- 自然解凍或是以微波爐解凍

這樣處理更好吃

Tips1

絞肉使用前不需要水洗，請直接使用，不然會使得絞肉和油脂分散掉。

Tips2

可隨個人喜好增添各種中西式辛香料，除了增加香氣，也可以去腥。

Tips3

若要捏成肉丸子或肉排，要記得先拌出黏性後才好塑型，也可以將拌好的餡料整糰取出往調理碗內反覆摔打幾下，讓口感更Q彈！

Tips4

捏成肉丸子後，將肉丸子反覆用左右手來回摔打數下，可以幫助空氣排出，讓肉丸子更緊實，也能避免烹煮時散開。

手工蛋餃

吃火鍋或煮湯時，蛋餃是很受喜歡的食材之一，

但市售的蛋餃往往有令人疑慮的添加物，總讓人跟著擔心。

其實蛋餃作法很簡單，只需要多些耐心，自製蛋餃不僅蛋香味濃，

吃起來格外美味且安心，不僅健康，連愛心都一起包進餡料裡了。

食材

豬絞肉 100g

蝦仁 50g

蔥末 1 大匙

蛋 6 顆

· 調味料

鹽少許

白胡椒粉 1 茶匙

★此份量可做 30 ～ 35 個

作法

1　蝦仁洗淨用廚房紙巾吸乾水分後，剁成蝦泥。

2　準備一個調理碗，放入絞肉、蝦泥、蔥末及所有調味料拌勻。

3　將蛋打成蛋液後，過篩。

4　準備一雙筷子和湯匙。平底鍋熱油鍋後轉小火，用湯匙舀蛋液小心倒入鍋中，並迅速用湯匙底部輕輕抹成圓形。

5　用筷子夾些肉餡置於蛋皮半邊，趁蛋液未凝固前，用筷子掀起另一半邊的蛋皮蓋住肉餡成半圓形，並用筷子輕壓邊緣幫助蛋皮黏合，接著兩面各再煎 1 分鐘即可。

6　按照步驟一一重複以上動作，自製美味手工蛋餃就完成了！

Tips

· 蛋液過篩可去雜質，讓蛋皮做起來均勻滑順。

· 可以使用不沾平底鍋較好操作，並請全程用小火，以免蛋液凝固太快無法黏合。

炸香草丸子佐香檸優格醬

絞肉可以作成各式口味的肉丸子，

如果在餡料裡加入乾燥的義式香料後再捏成肉丸子下鍋炸，

空氣中瀰漫著淡淡的異國香氣，不論當主食或點心都非常適合，

搭配微酸的香檸優格醬，吃起來更清爽開胃。

食材

豬絞肉 400g

洋蔥 60g

蛋 1 顆

・調味料

鹽 1 茶匙

義大利綜合香料 ½ 大匙

白胡椒粉 1 茶匙

・優格醬

原味優格 50g

新鮮檸檬汁 ½ 大匙

鹽少許

作法

1 　將洋蔥切成細丁。

2 　熱油鍋，放入洋蔥用小火炒至透明變軟，繼續慢慢炒成淡棕色之後盛起降溫
　　放涼。

3 　準備一調理碗，放入絞肉、已冷卻的洋蔥丁、蛋及所有調味料拌勻後，放入
　　冰箱冷藏 20 分鐘。

4 　將肉餡做成一顆顆如兵乓球大小的香草肉丸子（每顆約 40g 左右，可做 12
　　顆）。

5 　熱一油炸鍋至 180℃，將肉丸子放入中火炸 3 分鐘後，撈起瀝油。

6 　將優格、檸檬汁和少許鹽調勻成檸香優格醬，香草肉丸子沾優格醬一起享用
　　即可。

Tips

· 洋蔥炒成淡棕色後辛嗆味沒了會變得很甜，但整個過程約 10 分鐘要有耐心，
　一定要用小火慢慢炒，用中大火會變焦變苦。

· 肉餡拌好後會有些軟，放入冰箱冷藏一下讓它定型後會比較好做成肉丸子。

· 可搭配生菜一起食用。

珍珠丸子

珍珠丸子是港式飲茶裡常見的小點心，圓滾可愛的外型，
加上蒸的晶瑩剔透如珍珠般的米粒十分討喜受歡迎！
其實作法並不難，只要跟著食譜一起做，讓你輕鬆在家就可做出漂亮的珍珠丸子。

食材

豬絞肉 450g

乾香菇 35g

紅蘿蔔 25g

圓糯米 1.5 米杯

★約可做出 15 顆乒乓球大小

· 調味料

薑泥 1 茶匙

鹽 1 小匙

香油 1 小匙

水 2 大匙

白胡椒粉 1 小匙

蛋白 1 大匙

太白粉 1 小匙

作法

1　圓糯米事先泡水 3 小時後瀝乾水分備用，香菇泡軟切細丁、紅蘿蔔切細丁。

2　取一大調理碗，放入絞肉加鹽先拌勻並摔打出黏性後，加入香菇丁、紅蘿蔔丁及所有剩下的調味料仔細攪拌。

3　將拌好的肉餡一一搓成如兵乓球大小的肉丸子，並將肉丸子利用左右手來回甩丟幫助震出空氣。

4　將肉丸子放入糯米堆裡輕壓一一裹上糯米。

5　取一深盤，並於盤內抹上一層沙拉油後擺上裹有糯米的珍珠丸子。

6　放入已沸滾的蒸鍋中蒸 15 ～ 20 分鐘，晶瑩剔透的珍珠丸子就完成了。

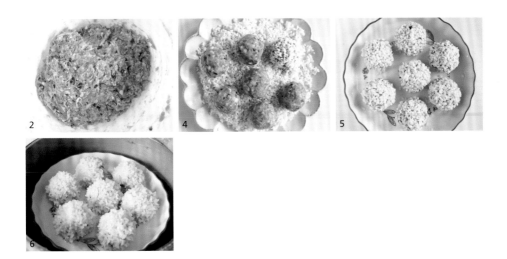

Tips

・絞肉先加鹽拌勻摔打會產生黏性和出筋，可幫丸子定型且肉質口感較好，也助於黏附糯米。

・將肉丸子利用左右手來回甩丟可震出空氣幫助定型，讓肉質緊緻。

・蒸盤裡抹油才不會沾黏。

・圓糯米特性是軟黏，長糯米則是較 Q 但較不黏，所以珍珠丸子選用圓糯米黏性好才不脫落。

・珍珠丸子白白淨淨口味香但清新，所以不要放醬油或蔥綠去調味。

梅乾菜蒸肉餅

梅乾菜是客家料理中很經典的食材，大多使用芥菜種類的莖葉，
用鹽醃製風乾而成，有一股特殊的氣味。
梅乾菜和絞肉混合調味蒸煮後香氣撲鼻，光聞就讓人直吞口水，
鹹香滋味更是令人忍不住多添一碗白飯，用來拌麵也是非常對味！

食材

豬絞肉 600g
乾燥梅乾菜 30g
青蔥 1 ～ 2 根
薑 15g
鹹蛋黃 1 顆

・調味料
鹽 1 茶匙
醬油 2 大匙
白胡椒粉 1 茶匙
香油 1 小匙
米酒 1 大匙
水 2 大匙

作法

1 青蔥洗淨切蔥花、薑切末、梅乾菜泡軟洗淨擠乾水份。

2 熱油鍋，放入梅乾菜炒香後盛起放涼。

3 起一滾水蒸鍋，取一深皿放入絞肉、梅乾菜、蔥花、薑末及所有調味料拌勻後中間放入鹹鴨蛋黃，接著放進蒸鍋。

4 蓋上鍋蓋用大火蒸 20 ～ 25 分鐘左右即完成。

Tips

・乾燥的梅乾菜只要泡軟即可，不要泡太久，以免香氣都沒了。另外也可以用另一種濕的梅乾菜，份量請再自行斟酌。

・梅乾菜先炒過香氣更足，待降溫再和絞肉混合。

豬肉鮮菇咖哩調理包

食材

豬絞肉 800g
洋蔥 300g（約 2 顆）
鮮香菇 150g
鴻喜菇 150g
紅蘿蔔 150g

・調味料
咖哩粉 15g
咖哩塊 160g
月桂葉 2 片
水 800cc

・包裝
食物密封袋（小）數個

作法

1 紅蘿蔔、洋蔥去皮切丁，鮮香菇洗淨切丁，鴻喜菇洗淨去蒂頭剝成一朵朵。

2 熱油鍋，放入洋蔥炒至變透明後，放入菇類及紅蘿蔔拌炒至略出水。

3 放入絞肉炒散變色後，加入咖哩粉炒香。

4 放入月桂葉及水煮滾。

5 轉中小火蓋上鍋蓋燉煮 30 分鐘後，先挑起月桂葉再加入咖哩塊煮融拌勻再燉煮 5 分鐘即可。

6 等完全降溫放涼後可做成調理包冷凍保存。

Tips

・ 咖哩塊可依個人喜好選擇甜味或是辣味，但如果家中成員有小朋友建議選擇甜味來製作。

・ 咖哩肉醬放隔夜會更好吃、更濃郁。

豬肉鮮菇咖哩烏龍湯麵

加些高湯變成湯咖哩，再結合烏龍麵，馬上變身一道方便又可快速上桌的全新主食。

食材

豬肉鮮菇咖哩調理包 1 份（250g）
讚岐烏龍麵 1 包（約 200g）
高湯 300cc
青江菜 2 株

作法

1　豬肉鮮菇咖哩調理包解凍後，加入高湯加熱煮滾。同時間準備一滾水鍋川燙洗淨的青江菜。

2　咖哩湯加入烏龍麵再次煮滾 1 分鐘，倒入大深碗擺上川燙好的青江菜即可。

Tips

・ 嚐一下如果味道太淡可以加一些鹽。

・ 一般真空包讚岐烏龍麵是熟的，所以水滾只要煮一下下就好了。

黃色小鴨咖哩飯

用薑黃飯做成吸睛的黃色小鴨，配上小朋友最愛的咖哩，一上桌肯定驚呼連連！

食材

豬肉鮮菇咖哩調理包 1 份（250g）

薑黃飯 1 碗

·調味料

海苔 1 片

作法

1 豬肉鮮菇咖哩調理包解凍加熱備用。

2 用保鮮膜包住適量薑黃飯分別捏出小鴨的頭部、身體及翅膀（2 個），用海苔剪出一雙眼睛，挑一個肉醬裡的紅蘿蔔丁裁修一下當嘴巴。

3 準備一個深皿將各部位組合起來如圖片小鴨造型。

薑黃飯作法

將白米洗淨加入等量水放入電子鍋中，並倒入適量薑黃粉攪拌後（2 杯米放 1～2 小匙），依正常煮飯程序煮成薑黃飯。

茄汁蘑菇肉醬調理包

食材

豬絞肉 1000g

洋蔥 2 顆

蘑菇 200g

蒜頭 5 瓣

牛番茄 4 顆

月桂葉 4 片

· 調味料

番茄糊 400g

番茄醬 4 大匙

紅酒 300cc

義大利香料 2 小匙

粗黑胡椒粒 1 小匙

細砂糖 ½ 大匙

鹽適量

· 包裝

食物密封袋（小）
數個

作法

1　牛番茄用刀子於表皮輕劃十字後，放入滾水鍋內燙 10 ～ 15 秒撈起過冷水後，去除表皮並切小丁。

2　洋蔥切丁、蒜頭切末、蘑菇切片備用。

3　熱油鍋，放入洋蔥炒至變透明後，接著放絞肉弄散炒至表面變白。

4　放入蘑菇及番茄丁炒香，放入月桂葉及所有調味料（鹽除外）拌勻煮滾。

5　轉中小火蓋上鍋蓋燉煮 40 分鐘後，先挑起月桂葉，再用適量鹽調味並嚐一下味道調整酸甜度（可增添番茄醬或糖調整成喜歡的味道），再燉煮個 5 分鐘即可。等完全降溫放涼後可做成調理包冷凍保存。

Tips

· 記得選用有深度且有蓋子的鍋子（鑄鐵鍋尤佳，可保留食材的原汁原味），燉煮過程請記得不定時翻動以避免鍋底沾黏燒焦。

· 番茄只要表面劃十字放入滾水中川燙一下，撈起來就能輕鬆去皮，若不介意有番茄皮口感的也可以選擇不要去皮。

茄汁蘑菇肉醬起司蛋餅

吃膩了原味蛋餅嗎？
那加些茄汁肉醬及起司，讓它變身一道中西合併又有內涵的風味蛋餅吧。

食材

茄汁蘑菇肉醬調理包 1 份

*250g 調理包可做 3 份蛋餅

蛋餅皮 3 片

蛋 3 顆

起司絲適量

作法

1　將茄汁蘑菇肉醬調理包解凍加熱完成。

2　平底鍋熱油鍋放入蛋餅皮，兩面煎熟先盛起，接著加入打散的蛋液，趁尚未全熟時放進蛋餅皮，待貼合後熄火翻面（蛋皮在上），撒些適量起司絲及放些茄汁蘑菇肉醬後捲起來即可。

茄汁蘑菇肉醬螺旋麵

像彈簧一樣的螺旋義大利麵是很多小朋友的心頭好，
不僅造型可愛，用叉子一叉即可輕鬆入口。
搭配孩子最愛的茄汁蘑菇肉醬，肯定三兩下就吃光光外加喊著再來一盤。

食材

茄汁蘑菇肉醬調理包 1 份（250g）

義大利螺旋麵 1 人份

· 調味料

鹽少許

橄欖油 1 小匙

帕瑪森起司粉適量

新鮮巴西里（切碎）適量

作法

1　茄汁蘑菇肉醬調理包解凍加熱。

2　起一滾水鍋放入義大利螺旋麵、少許鹽及 1 小匙橄欖油後依背面包裝建議烹飪時間煮熟撈起。

3　和茄汁蘑菇肉醬拌勻盛盤，撒上起司粉及切碎的新鮮巴西里即可。

Tips

螺旋麵可換成自己喜歡的各式義大利麵。

豬頰肉 pork jowl fillet

豬頰肉，顧名思義位於豬的臉頰，比起其他豬肉部位顏色白嫩許多，肥瘦相間有著漂亮的紋路，只要簡單煎烤或快炒，烹調後肉質嫩中帶脆甜而不柴，不論口感和味道都極佳，所以又有松阪豬、霜降肉的美稱。

 進口豬頰肉 (509/1kg)

分裝與保存

保存法 1　**每一片分開保存**

1　Costco 的豬頰肉一般為 8 片裝（4 大片、4 小片），先用保鮮膜一片片包起來。

2　再用食物密封袋將所需的份量分裝好，並確實擠壓出內部的空氣。

3　註明食材的品項／分裝日期／重量，平放冰箱冷凍保存，料理前一晚移至冷藏區自然解凍。

* 一包裝 2 片（1 大 1 小）約為 260g 左右，約 2～3 人份量。

- 2～3 週冷凍保存
- 自然解凍或是以微波爐解凍

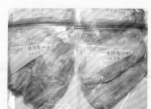

保存法 2 **下鍋煎熟**

將豬頰肉適當調味煎熟，冷卻之後再放進食物密封袋冷凍保存。煎過的肉
排可以當便當菜，或是解凍切塊做成涼拌料理。

- 3～4週冷凍保存
- 自然解凍或是以微波爐解凍

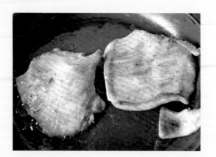

這樣處理更好吃

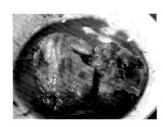
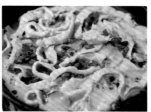

Tips1 　豬頰肉有油脂又脆，用煎烤或煮湯都很美味，怎麼料理都不會失
　　　敗。

Tips2 　豬頰肉不管是先切片料理，或是燒烤後再切片，用「逆紋切」（和
　　　肉的紋路垂直切）口感才好喔。

南洋風肉片沙拉

炎熱的夏天沒有什麼食慾的時候，涼拌料理肯定是很多人的首選。
煎的焦香的肉片加上各式蔬果，再拌上南洋風酸酸甜甜醬汁，清爽又開胃，
不論當家庭餐桌上的一道涼拌小菜或是一個人的輕食主菜都很適合。

食材

豬頰肉 2 片
小黃瓜 1 根
紫洋蔥 1 顆
牛番茄 1 顆
檸檬 1 顆
蒜頭 2 瓣

・調味料
鹽 1 ～ 2 茶匙
粗黑胡椒粒適量
米酒 1 大匙
魚露 1 大匙
砂糖 2 大匙

作法

1　紫色洋蔥切絲，放入冰水中並置於冰箱冷藏浸泡 1 小時；小黃瓜切薄圓片加入少許鹽（份量外）抓醃 20 分鐘出水後擠掉鹽水；接著將牛番茄切塊、檸檬擠汁備用。

2　蒜頭切片，豬頰肉用蒜片、米酒、鹽及粗黑胡椒粒抓勻後放冷藏醃 30 分鐘。

3　平底鍋熱鍋將豬頰肉兩面煎至金黃後，蓋上鍋蓋用中小火悶煎至熟（約 8 ～ 10 分鐘左右，中間請翻一次面），取出靜置 5 分鐘後切薄片。

4　將檸檬汁、魚露及砂糖拌勻，紫洋蔥瀝乾水分和肉片及所有材料放在一起後淋上醬汁即可。

Tips

・ 醬汁比例可以隨個人喜好調整，喜歡酸一點就多加一些檸檬汁。

・ 洋蔥泡冰水可以去除辛辣味變得較溫和。

西京味噌豬頰肉

這道料理看似簡單，只用帶甜味的白味噌及清酒長時間醃製，
由於豬頰肉本身肉質就非常好吃，用此調味醃製 2～3 天再燒烤後，
卻有令人驚艷的美妙滋味，一定要試試！

食材

豬頰肉 2 片

· 調味料

日本白味噌 120g

清酒 1 大匙

作法

1 白味噌與清酒混和，豬頰肉洗淨用廚房紙巾吸乾水份後，用調勻的白味噌醬塗抹醃製放冰箱冷藏 2 天。

2 將醃製入味的豬頰肉取出，用開水洗掉表面的白味噌，並用廚房紙巾吸一下水份。

3 平底鍋熱鍋將豬頰肉兩面煎至金黃後，蓋上鍋蓋用中小火悶煎至熟（約 8～10 分鐘左右，中間請翻一次面），取出靜置 5 分鐘後切薄片即可。

Tips

· 日本西京白味噌不會很鹹且帶甜味，千萬不要用一般味噌取代醃製，會太鹹。

· 醃製的隔天可翻動一下，讓每一面確實都有醃製到。另外也可多醃一些，2 天後用餐巾紙擦掉醬料裝入密封袋，放冷凍保存可放 2 週。

· 煎或烤之前記得把表面的白味噌醬洗掉，不然下鍋煎或烤馬上就會焦黑失敗。

麻油枸杞豬頰肉

天氣微涼時總是想吃一些暖身的料理，這道麻油枸杞豬頰肉再適合不過了。
焗香的老薑片拌炒著 Q 脆豬頰肉片，再加上麻油及米酒烹煮，
濃郁的香氣瀰漫整個廚房，整個人頓時都溫暖了起來！

食材

豬頰肉 1 片　　　　　・調味料
老薑 30g　　　　　　沙拉油 1 大匙
枸杞 20g　　　　　　麻油 2 大匙
　　　　　　　　　　米酒 100cc
　　　　　　　　　　水 100cc
　　　　　　　　　　鹽少許（可不加）

作法

1　豬頰肉逆紋切片，老薑切薄片，枸杞稍微過一下水瀝乾水分（沖掉灰塵）。

2　熱鍋放入一大匙沙拉油，放薑片用中火煸炒至邊緣捲起。

3　放入肉片炒至表面變色，接著放米酒及水煮滾後煮 3～4 分鐘。

4　最後加入枸杞和麻油再煮個 30 秒即可。

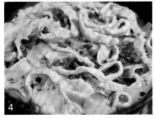

Tips

・喜歡酒味濃厚的也可以用全酒不加水。

・湯汁拿來拌麵線、拌飯味道很棒！

照燒豬頰肉

不需繁複的步驟，只要將表面煎香的豬頰肉

用醬油、味霖、清酒三種調味料，以 1:1:1 的比例混合燒煮至收汁焦糖化，

簡簡單單、輕輕鬆鬆就可吃到鹹甜美味超下飯的照燒豬頰肉。

食材

豬頰肉 2 片

・調味料
醬油 4 大匙
味霖 4 大匙
清酒 4 大匙
白芝麻適量

作法

1　豬頰肉洗淨擦乾水分，醬油、味霖、清酒調勻備用。

2　熱鍋放入豬頰肉以中火兩面各煎 2 分鐘（表面變色略金黃），倒入綜合調味料，蓋上鍋蓋轉小火燒煮 8 分鐘左右（中間請適度翻面讓兩面都可以燒煮到醬汁）。

3　開蓋後火稍微開大一些煮至醬汁略收即可。

4　等稍降溫後切片，並撒上白芝麻。

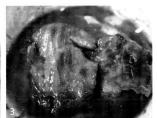

Tips

・各家廠牌醬油鹹度不同，可視自家醬油味道調整一下份量。

・放涼也好吃，很適合當便當菜。

・此醬汁拿來煮雞腿排也非常美味。

豬梅花肉排 pork boston butt steak

梅花肉，屬於肩胛部位的上半部，油脂分布均勻，但不像五花這麼肥，也不像里肌這麼乾，有筋有肉，吃起來口感好。這部位適合長時間燉煮、紅燒、大塊烘烤，另外切成薄片也很適合做為火鍋、燒烤用肉片，可以說是用途很廣泛很受歡迎的部位。

 台灣梅花里肌豬排 (279/1kg)

分裝與保存

保存法 1　切塊保存

1 將梅花肉排切成塊狀，適合燉煮、紅燒、烘烤，將切好的肉塊放進食物密封袋裡，肉塊要平整放好不重疊，盡量將袋內的空氣排出。

2 標示食材品項／分裝日期／重量後，平放冰箱冷凍保存。

- 2～3 週冷凍保存
- 自然解凍或是以微波爐解凍

保存法 2　做成調理包

可做成蘋果薑汁燒肉調理包，利用蘋果泥醃製豬肉，將肉片炒香後裝小袋保存，可用來包飯糰和燒肉蓋飯，美味又方便！製作方法請見 p114 蘋果薑汁燒肉調理包。

- 3～4 週冷凍保存
- 自然解凍或是以微波爐解凍

保存法 3 **每一塊分開保存**

1 Costco 的梅花肉排厚達 1.5～2 公分，份量十足。請先將每一塊梅花肉排一一用保鮮膜包起來。

2 接著再放入食物密封袋，並將空氣排出，標示食材品項／分裝日期／重量後，平放冰箱冷凍保存。

3 下次預備烹調前一晚取出所需份量移至冷藏區自然解凍。

- 2～3 週冷凍保存
- 自然解凍或是以微波爐解凍

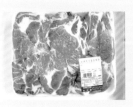 →  →

 這樣處理更好吃

 Tips1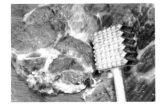

梅花肉排上有些筋膜，若是要整片肉排直接烹煮，可利用肉錘捶打斷筋讓口感更嫩。

Tips2

因肉排有厚度，用刀鋒在肉排上戳幾刀，幫助入味及烹煮時較易受熱。

 Tips3

梅花肉久煮不柴，很適合紅燒燉煮，但煮的時候會有雜質浮至表面，記得將其撈出去除，讓整鍋肉更好吃。

 Tips4

若要切成肉片料理，因為新鮮的肉排不好切，可先放入冷凍 30～40 分鐘再取出切片。

紅酒黑胡椒豬排

家裡開瓶後喝不完的紅酒有時還挺讓人傷腦筋的，這時拿來做料理最適合了。
香嫩的豬排配上帶點果香和甜味的紅酒蘑菇黑胡椒醬，
可媲美高級西餐廳的料理，香濃但只有微辣的醬汁，
熬煮後酒精也消散了，連小朋友都會喜歡。

食材

豬梅花肉排 2 塊　　　　·調味料

蘋果 150g　　　　　　高湯 120cc

洋蔥 ¼ 顆　　　　　　水 60cc

蘑菇 6 ～ 8 朵　　　　紅酒 80cc

蒜頭 3 瓣　　　　　　粗黑胡椒粒 2 小匙

　　　　　　　　　　蠔油 1.5 大匙

　　　　　　　　　　蓮藕粉水 2 大匙

作法

1　蘑菇洗淨切片、洋蔥切絲、蒜頭切末備用，梅花肉排利用肉錘和刀鋒確實鬆肉斷筋。

2　蘋果加入高湯打成泥備用。

3　熱鍋放少許油，小火將蘑菇炒出香味後，放入洋蔥及蒜末拌炒。

4　放入黑胡椒炒出香氣，再加蠔油及水煮滾，接著倒入蘋果泥慢慢熬煮。

5　另起一平底鍋，放入豬排兩面煎香後，蓋上鍋蓋轉小火悶煎至熟軟。

6　煎豬排等待的同時，將紅酒倒入醬汁鍋用中火煮滾後，繼續熬煮 5 分鐘，最後用蓮藕粉水勾芡成濃稠醬汁（醬汁熬好時，另一鍋豬排也差不多好了）。

7　香嫩豬排淋上醬汁，紅酒黑胡椒豬排就完成了。

Tips

· 如果接受辣度高一些的可以多放些黑胡椒。

· 豬排要蓋上鍋蓋用小火悶煎的方式才會鮮嫩多汁。

· 健康取向，請盡量用蓮藕粉水代替太白粉水勾芡。

可樂豆腐梅花豬

大家知道嗎？可樂除了當飲料外，還能用來滷肉呦。

可樂中含有蘇打，不僅能讓滷肉變得更加軟嫩，而且其中的甜味，

連滷汁中的糖都省下來了，可以說是一舉多得！

食材

豬梅花肉排 600g

紅蘿蔔 200g

傳統豆腐 350g

薑 15g

蒜頭 4 瓣

蔥 3 根

・調味料

可樂 220cc

醬油 90cc

水 100cc

米酒 50cc

八角 2 個

作法

1　豬肉洗淨切塊、紅蘿蔔削皮切塊、豆腐切塊。

2　蒜頭切片、薑切片、青蔥切段，所有調味料混合調勻備用。

3　熱油鍋將豆腐兩面煎至表面稍上色後盛起。

4　同鍋爆香蒜片、薑片和蔥段後，放入豬肉炒至表面變色，接著放入紅蘿蔔再拌炒一下。

5　倒入混合調味料煮滾後，撈去表面雜質。

6　放入豆腐，蓋上鍋蓋用小火悶煮至肉熟軟即可。

Tips

可視自家口味調整可樂和醬油比例。

酥炸紅糟肉

在傳統市場常可見到酥炸紅糟肉，經過聞到那香氣真的好吸引人，

可是走近看到那紅的嚇人的顏色，又會心憂是不是加了過多的色素而卻步。

與其擔心但又想解饞，那就自己動手來做這帶點淡淡迷人酒釀香的古早味吧。

食材

豬梅花肉排 2 塊　　細砂糖 1 大匙
・調味料　　　　　五香粉少許
紅糖 120g　　　　番薯粉 60g
米酒 40cc
蒜泥 2 小匙

作法

1　梅花肉排利用肉錘和刀鋒確實斷筋。

2　所有調味料（番薯粉除外）混合調勻，放入肉排抓醃後，送進冰箱冷藏醃製
　　兩天。

3　平盤中放入番薯粉，放上醃好的肉排輕壓讓表面全部確實裹上番薯粉，靜置
　　空盤中 10 分鐘反潮。

4　熱油鍋 140℃，放入肉排炸 6 分鐘撈起，拉高油溫二次回炸 30 秒搶酥撈起瀝
　　油。

5　靜置 3、4 分鐘再切片享用。

Tips

肉排裹上番薯粉後一定要靜置 10 分鐘反潮再下鍋炸，否則會皮肉分離。

日式炸豬排

食材

豬梅花肉排 2 片　　　米酒 1 大匙

高麗菜 3 ～ 4 片　　　鹽少許

蛋 1 顆　　　　　　　白胡椒粉少許

· 沾醬　　　　　　　高筋麵粉 1 小碗

豬排醬或番茄醬適量　麵包粉 2 小碗

· 調味料

日式炸豬排是一道很受歡迎的日式料理，

很多人覺得製作上一定很困難，總是得到餐廳才能一嚐美味。

其實只要選好適合的肉品及掌握幾個技巧，

在家也可以做出跟外頭餐館一樣外酥內嫩的人氣炸豬排喔。

作法

1 高麗菜洗淨去梗切成絲，放入冰水中泡 3 分鐘後撈起瀝乾水份。

2 梅花肉排利用肉錘和刀鋒確實斷筋後，用 1 大匙米酒、少許鹽及白胡椒粉抓醃 2 分鐘。

3 準備 3 個深皿，分別盛裝高筋麵粉、打散的蛋液、麵包粉，將肉排依序沾上高筋麵粉（多的要拍掉）、蛋液、麵包粉（略壓一下好附著），接著放到空盤中靜置 5 分鐘。

4 熱一油炸鍋至 180℃，放入豬排以中火炸約 3 分鐘後，再翻面炸 2.5 ～ 3 分鐘後夾起放在架子上瀝油靜置 3 分鐘。

5 切塊沾醬搭配高麗菜絲食用。

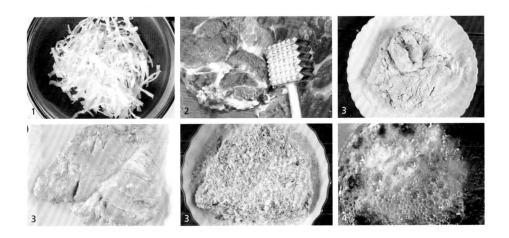

Tips

· 豬排不要炸太久否則會太老、太柴，Costco 豬排厚將近 2 公分，重量 250g，大約炸 5 分半鐘夾起後瀝油靜置時餘溫會將肉悶熟，等 3、4 分鐘再切，不要炸好就馬上切。

· 肉排大小塊不同，麵粉和麵包粉請視實際狀況增減，建議用高筋麵粉比較不易結塊。

· 高麗菜絲泡過冰水會更脆，瀝乾水分後可先放冰箱冷藏備用。

· 豬肉排要確實斷筋，否則炸的時候容易捲曲。

蘋果薑汁燒肉調理包

用蘋果泥醃製的豬肉不僅帶有香甜味，水果酵素還可以幫助豬肉軟化。
燒煮中光香氣就讓人不停吞口水，配飯肯定讓孩子把飯通通吃光光！

食材

豬梅花肉排 2 塊（約 650g）

蘋果 ½ 顆

洋蔥 ½ 顆

蒜頭 2 瓣

老薑 1 塊

・調味料

醬油 6 大匙

清酒 4 大匙

味霖 2 大匙

・包裝

食物密封袋（小）數個

作法

1　將蘋果、蒜頭、薑去皮後一一磨泥備用（薑泥需要 2 大匙）。

2　肉切片、洋蔥切成絲。

3　將所有調味料和步驟 1 調勻後，放入肉片醃製冷藏 30 分鐘。

4　熱油鍋放入肉片炒香後，放洋蔥拌炒變透明，接著倒入醃製的醬汁燒煮至湯汁略收即可。

5　等全部降溫可以做成調理包冷凍保存。

Tips

・肉片如果想切薄一些，可以將肉排放冷凍等稍微硬一些比較好切，但也不要凍太久以免太硬反而切不動。

・可以撒些白芝麻一起吃。

薑汁燒肉飯糰

日本現在很流行這種看起來很像三明治又很像壽司的免捏飯糰，但這不用像壽司一樣需較多技巧，作法方便又快速，拿來當正餐或是野餐外出的點心也非常適合喔。

食材

蘋果薑汁燒肉 1 份（90g）
白飯 120g
美生菜 1 ～ 2 片
海苔 1 片

作法

1　桌上鋪上面積大於海苔片的保鮮膜，接著放上海苔後，將½的白飯捏成如圖方型飯糰置於中央（請注意擺放方向）。

2　依序放上燒肉、美生菜及剩下的白飯。

3　先用海苔將飯糰包起，再用保鮮膜包緊定型，等一下再打開保鮮膜對切即可。

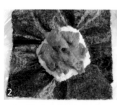

薑汁燒肉蓋飯

熱呼呼的白飯舖上這日式風味鹹甜的燒肉片，白飯吸附了醬汁變得美味，
10 分鐘內就可以快速開飯，真是太棒了！

食材

蘋果薑汁燒肉 1 份（180g）
熱白飯 1 碗
蔥絲少許
白芝麻適量

作法

將已加熱的蘋果薑汁燒肉覆蓋在熱白飯上，撒上白芝麻及
蔥絲即可。

豬排骨 pork sparerib blocks

排骨跟絞肉一樣，可以應用的料理很廣，能拿來煮各式的湯品增添風味，燒煮後為下飯的好料理（如橙汁排骨、糖醋排骨），肋排拿來燒烤更是令人吮指回味！

 台灣豬腹協排長方切 (329/1kg)

保存法 1　切塊保存

1　Costco 常見的排骨為豬腹協排長方切（整排或是切塊）和大支根狀豬肋排。排骨雖為不規則狀，但請盡量用單層平鋪法放入食物密封袋（不要擠成一團），並將空氣排出。

2　註明食材品項／分裝日期／重量後再平放冰箱冷凍保存。

3　下次預備烹調前一晚取出所需份量移至冷藏區自然解凍。

> - 2～3 週冷凍保存
> - 自然解凍或是以微波爐解凍

保存法 2 做成調理包

可做成橙汁排骨調理包，小份量分裝，方便每次的食用份量。酸甜的橙汁排骨好開胃，不知不覺就吃了好幾碗飯！製作方法請見 P128 橙汁排骨調理包。

- 3 ～ 4 週冷凍保存
- 自然解凍或是以微波爐解凍

這樣處理更好吃

Tips1

豬肋排洗淨擦乾水份後，撕去整片的筋膜，方便料理、口感較佳。

Tips2

排骨進行料理前，先川燙洗淨過後再使用，可以去除雜質與血腥味。

Tips3

將排骨表面炒至金黃再進行燉煮，除了可增加香氣外，長時間烹煮，肉也比較不會散開。

Tips4

燒烤料理排事先醃過更入味！

119

紅棗黨參山藥排骨湯

黨參和枸杞性平味甘又補氣，紅棗養顏美容，

和有著「神仙之藥」美名的山藥及排骨一起燉煮，湯頭非常甘甜好喝又養生，

還能增強免疫力，趁著周末燉一鍋來為家人和自己暖暖身吧。

食材

豬腹協排長方切 300g
山藥 300g
黨參 40g
枸杞 40g
紅棗（大）6 ～ 8 顆

・調味料
米酒 50cc
水 3200cc
鹽適量

作法

1　排骨川燙去血水、山藥削皮切塊泡水。

2　取一大湯鍋注入水及米酒，放入排骨、山藥及黨參煮滾後，蓋上鍋蓋轉小火悶煮 25 分鐘。

3　用適量鹽調味，加入紅棗及枸杞再煮 2 分鐘即可。

Tips

・紅棗、黨參及枸杞一般中藥行就買得到。

・怕燥的可將紅棗去核再煮，喜歡喝湯的也可以再多增添些水量。

清酒燉肋排

台灣很多人喜歡用米酒入菜做料理，其實用清酒也是很棒喔！
利用帶有米香及甜味的清酒來燉煮排骨，烹煮後有股淡淡的清香，
排骨肉不僅有甜味而且軟嫩好吃！

食材

豬腹協排長方切 400g　　・調味料
馬鈴薯 2 顆　　　　　　醬油 20cc
紅蘿蔔 1 根　　　　　　清酒 350cc
四季豆 80g

作法

1　馬鈴薯及紅蘿蔔洗淨削皮切塊、四季豆洗淨去絲切長段。

2　肋排切成一根根川燙去血水後洗淨備用。

3　熱油鍋，放入馬鈴薯及紅蘿蔔拌炒後，放入排骨略炒。

4　加入醬油及清酒煮滾後，蓋上鍋蓋轉小火悶煮 20 ～ 25 分鐘。

5　加入四季豆再悶煮 2 分鐘至烹熟即可。

Tips

四季豆也可以換成豌豆、秋葵等。

烤香草豬肋排

將排骨先用自調醬汁醃過夜，隔天以先燒煮後烘烤的方式烹調，
如此燒烤出來的豬肋排不僅肉嫩不柴且十分入味，
不論香氣和風味都很迷人，讓人忍不住一口接一口欲罷不能吮指回味！

食材

豬腹協排長方切 1 ～ 2 排
蒜頭 3 瓣
新鮮迷迭香 15 公分長 1 ～ 2 支

· 調味料

醬油 5 大匙
蜂蜜 4 大匙
番茄醬 3 大匙
白酒 A 2 大匙
白酒 B 250cc
粗黑胡椒粒適量

作法

1 肋排洗淨擦乾水份後，撕去整片的筋膜。

2 蒜頭切片，新鮮迷迭香洗淨取下葉子，取一深皿將所有調味料（白酒 B 除外）拌勻，加上蒜片和迷迭香後放入肋排，蓋上保鮮膜放冰箱冷藏醃一夜。

3 將醃好的肋排同醃料倒入淺鑄鐵鍋中，加入白酒 B 拌勻煮滾後，轉小火蓋上鍋蓋悶煮 40 分鐘（過程中可開蓋將肋排翻面燒煮並適度刷上醬汁，如果水分不夠可加些水）。

4 將已燒至熟軟的肋排放入已預熱 200℃的烤箱中烤 20 分鐘完成（中途可以用油刷將剩餘的醬料刷上）。

Tips

· 最後 5 分鐘可改用上火炙燒模式讓表面更香，但記得隨時注意避免焦黑。

· 每個品牌的烤箱功率不同，請視自家功率調整烘烤時間。

· 沒有鑄鐵鍋可用一般鍋子燒煮後，再放入烤盤進烤箱烤。

· 食用時可擠上新鮮檸檬汁增添風味。

蒜香排骨炊飯

把醃製過的蒜味排骨先下鍋炒得顏色金黃後，

接著再和白米一起燜煮，煮好後打開鍋蓋整個香氣四溢，

米飯吸飽醬汁十分美味，排骨也非常軟嫩入味，整個色香味俱全，好吃極了！

食材

豬腹協排骨切塊 500g
白米 2 米杯
水 2 米杯
蒜頭 5 瓣
乾香菇 5 ～ 6 朵

・調味料
醬油 4 大匙
蠔油 1 大匙
米酒 1 大匙
鹽少許
白胡椒粉少許
冰糖 1 小匙

作法

1 蒜頭去皮切末、香菇泡軟切絲、排骨洗淨瀝乾水分、白米洗淨備用。

2 排骨加入蒜末、1 大匙米酒、2 大匙醬油拌勻醃製 20 分鐘。

3 鑄鐵鍋熱油鍋，放入醃好的排骨煎至表面金黃，放冰糖炒至上色後，接著放香菇絲拌炒。

4 放入白米、2 米杯水、2 大匙醬油、1 大匙蠔油及少許白胡椒粉和鹽拌勻，直接用鑄鐵鍋煮滾後小火燜煮 12 分鐘熄火，再燜 15 分鐘即完成。或是倒入電子鍋，用一般煮飯程序煮熟即可。

Tips

・ 清洗排骨時要盡量把碎骨仔細去掉，煮好時才不會混在飯裡誤咬到。

・ 調味時味道稍微重一點，因為等煮好米飯吸了湯汁味道就會剛好。

橙汁排骨

當柳丁盛產的季節時,榨成新鮮柳橙汁拿來煮橙汁排骨最讚了!
煮到入味散發天然橙香的排骨酸甜開胃,端上桌常常很快就盤底朝天,
當宴客菜肯定非常受歡迎。

食材

豬腹協排骨切塊 1200g
白芝麻適量
・調味料
新鮮柳橙汁 400cc
新鮮檸檬汁 4 大匙

醬油 4 大匙
冰糖 60g
米酒 80cc
鹽 1 茶匙

作法

1　起一滾水鍋，將排骨川燙去血水洗淨備用。

2　熱油鍋，放入排骨炒香至表面略呈金黃。

3　放入新鮮柳橙汁、檸檬汁及所有調味料煮滾。

4　轉小火悶煮 25 ～ 30 分鐘，最後開蓋煮至醬汁略收即可，食用時撒上白芝麻。

5　等完全降溫可做成調理包冷凍保存。

Tips

・可根據個人口味調整酸甜度，喜歡酸一些就再多加檸檬汁，喜歡甜一些就再多
　加冰糖。

・如果要做成調理包就不要撒白芝麻，等下次解凍加熱要吃時再加。

豬小里肌肉 pork tenderloin

小里肌肉，又稱腰內肉，是脊骨下面一條與大排骨相連的瘦肉。肉中無筋，是豬隻各部位中熱量最低的，或炸或煎或炒或烤都很適合。

 台灣修清豬小里肌 (259/1kg)

分裝與保存

保存法 1　切塊保存

將豬小里肌肉切成片狀或是適口大小，炒或炸的時候直接入菜，方便使用。切好的豬里肌肉放入食物密封袋中並擠出空氣，註明食材品項／分裝日期／重量後再平放冰箱冷凍保存。

- 2～3 週冷凍保存
- 自然解凍或是以微波爐解凍

保存法 2　做成調理包

可做成糖醋里肌調理包，開胃很下飯，趁著假日可一次大量做成美味調理包冷凍保存。製作方法請見 p140 糖醋里肌調理包。

- 3～4 週冷凍保存
- 自然解凍或是以微波爐解凍

保存法 3　分條保存

1　Costco 的豬小里肌肉很貼心，把外圍的筋膜或是脂肪通通去除乾淨了。一大盒買回家後，把小里肌肉條一一先用保鮮膜包起來。

2　放入食物密封袋中並壓出空氣，註明食材品項／分裝日期／重量後再平放冰箱冷凍保存。

3　下次預備烹調前一晚取出所需份量移至冷藏區自然解凍。

- 2～3 週冷凍保存
- 自然解凍或是以微波爐解凍

這樣處理更好吃

Tips1

豬小里肌肉軟嫩，切絲快炒最可以品嚐肉嫩口感。

Tips2

因為沒有什麼脂肪，如果做成肉捲或是燒烤，可添加一些植物油或醬汁避免烤得太乾。

烤核桃蔓越莓肉捲

食材

小里肌 1 條
蔓越莓乾 25g
無調味核桃腰果 25g

・調味料
橄欖油 1.5 大匙
白酒 2 大匙
義大利綜合香料 1 小匙
鹽適量
粗黑胡椒粒適量

將里肌肉處理成厚片狀,再舖上蔓越莓及堅果後捲起來燒烤,
烤熟切片後入口除了肉香,還混合著莓果甜味和堅果香氣,
滋味很特別又美味,清爽健康無負擔。

作法

1　小里肌切掉一端直徑較不規則的部分後，從中間切分為二，但不要切到底，留厚度大約 1 公分。

2　上半部從內側中間切開，一樣不要切到底，下半部也一樣，讓里肌肉變成一厚片狀。

3　將里肌肉雙面撒上所有調味料醃製 5 分鐘。

4　將蔓越莓乾和核桃腰果混合，並用食物調理器弄碎後，均勻舖在肉片上然後捲起。

5　用麻繩如圖示將肉捲綁緊固定。

6　用鑄鐵烤盤將肉捲煎至表面金黃上色，蓋上鋁箔紙送入已預熱 180℃的烤箱烤約 25 分鐘取出。

7　將烤熟的豬肉捲靜置 5 分鐘後，拆掉麻繩切片即可享用。

Tips

· 每個品牌的烤箱功率不同，請視自家功率調整烘烤時間。

· 蔓越莓乾和核桃腰果不要弄太碎，吃起來才有口感。

· 切下來不規則的肉塊可以切成肉絲炒菜。

彩椒起司里肌肉排

單煎肉排如果覺得單調，那不妨加些彩椒來均衡一下營養，

在視覺上美味度也瞬間提升了！

上頭再撒些起司絲，口感又更加豐富，趁著假日趕快來做看看吧！

食材

里肌肉片 5 片

青椒 ½ 個

紅甜椒 ½ 個

黃甜椒 ½ 個

洋蔥 ¼ 個

· 調味料

西班牙甜椒粉 1 大匙

橄欖油 1 大匙

白酒 1 大匙

義大利綜合香料 1 小匙

鹽適量

粗黑胡椒粒適量

起司絲適量

作法

1 里肌肉片用肉錘敲打斷筋，周圍的筋用刀子切斷，放入所有調味料（起司絲除外）醃製 20 分鐘。

2 所有食材洗淨切絲。

3 平底鍋熱油鍋放入肉片煎熟先夾起，同鍋再加少許油放入甜椒絲等拌炒至熟，並加少許鹽調味。

4 將彩椒絲平均放在肉片上，上面再舖些起司絲，蓋上鍋蓋小火悶 1～2 分鐘至起司絲融化即可。

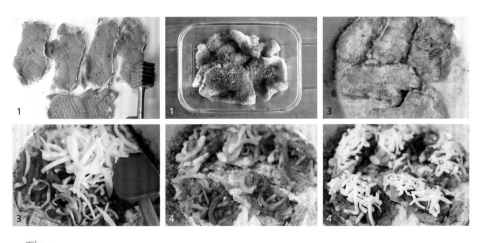

Tips

此料理用的是 Costco 切片的里肌肉片，周圍有筋，記得要切斷，否則煎的時候會捲起不平。

榨菜炒肉絲

鹹香的榨菜炒肉絲是一道很下飯的料理，

不管熱吃或冷食都一樣美味。

建議可以多炒一些起來放冰箱，

平時無論配飯或是拌麵，甚至當便當菜都很讚喔！

食材

小里肌肉 250g

青蔥 1 根

辣椒 1 根

榨菜絲 200g

· 調味料

醬油 2 小匙

蛋液 1 大匙

米酒 1 大匙

太白粉 1 小匙

香油 1 小匙

作法

1　肉切絲，用所有調味料（香油除外）拌勻醃 3 分鐘。

2　榨菜絲沖一下水瀝乾水分，辣椒和青蔥洗淨切絲。

3　熱油鍋放入肉絲炒至變色，接著放榨菜絲拌炒。

4　放入蔥絲和辣椒絲，炒至整體乾香後淋上香油略拌即完成。

Tips

可以買球狀的榨菜自己切絲，先嚐一下味道，如果太鹹就多沖一下水。

蜜汁叉燒肉

港式叉燒肉好吃不油膩，在家可以利用現成叉燒醬醃製後燒烤，
不用繁複的配料，輕鬆方便又簡單。

食材

小里肌 1 條
蔥白 1 根
·調味料
李錦記叉燒醬 3 大匙
米酒 2 大匙

薑末 1 小匙
蜂蜜 1 大匙
溫水 2 大匙

作法

1　小里肌對切為二，蔥白切片。

2　叉燒醬加入米酒、薑末拌勻，放入蔥白及肉條冷藏醃製 2 ～ 3 天。

3　烤箱預熱 200℃，烤盤舖鋁箔紙置於下層，烤架放上肉條置於中層烤 20 分鐘
　　（中間翻面一次）。

4　蜂蜜加溫水調勻成蜂蜜水，烤溫調整為 160℃，每隔 3 ～ 4 分鐘刷一次，烤
　　15 分鐘左右，感覺表面有油亮感即可取出。

5　靜置 5 分鐘後再切片即可。

6　只要燙個青江菜，煎個蛋黃不熟、外圍焦香的荷包蛋，再配上白飯，就成了
　　仿電影食神中的黯然消魂飯了。

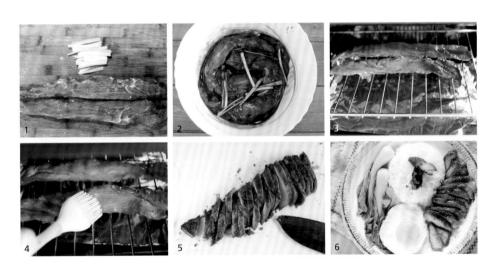

Tips

每個品牌的烤箱功率不同，請視自家功率調整烘烤時間。

糖醋里肌

糖醋風味的料理一直受到許多人的喜愛，那酸甜美好的滋味，

還有挑起食慾的橘紅色澤，不管大人或是小孩都很難抗拒的誘惑啊。

加上又是如此開胃，那只好多添一些白飯吧！

食材

小里肌 2 條（約 950g）	米酒 60cc
蛋 2 顆	番薯粉 90g
・調味料	鹽 1 小匙
砂糖 180g	蓮藕粉 20g
白醋 180g	水 80cc
番茄醬 180g	白芝麻適量

作法

1 小里肌切成 1 公分厚條備用。

2 里肌條加入蛋、米酒、鹽及番薯粉抓醃 5 分鐘。

3 熱油炸鍋至 160℃，放入里肌肉條炸 4 分鐘後撈起。

4 拉高油溫二次回炸 30 秒後撈起，瀝乾油。

5 番茄醬、白醋及砂糖混合；蓮藕粉和水調勻備用。

6 糖醋醬汁倒入鍋中加熱攪拌煮至糖完全融化後，倒入適量蓮藕粉水勾芡熄火。

7 倒入肉條均勻裹上醬汁，食用時撒上適量白芝麻即可。

8 等全部降溫可做成調理包冷凍保存。

Tips

· 為減少炸油量，用小鍋然後分批炸。

· 肉條抓一把一把下鍋炸時會黏在一起，只要用筷子輔助撥開就可以輕易分離。

· 做成調理包就不要放白芝麻，等要吃的時候再放。

帶皮豬五花肉 pork belly skin on

五花肉，位於豬腹的部位，油脂多又 Q 嫩，肥瘦相間，又稱為三層肉。五花肉料理很多樣化，不論煎煮炒炸燉烤都可以。切大塊或厚片適合長時間燉煮，如果要川燙或煮湯就切薄片易熟，切肉絲不論快炒或是煮肉燥都很適合。

 台灣帶皮五花豬肉 (245/1kg)

分裝與保存

保存法 1 　切成長條保存

1 Costco 的五花肉通常為一大塊。可根據要做的料理切割成不同寬度的長條（如果要做東坡肉或是脆皮燒肉就得切寬一些）後，一一先用保鮮膜包起來。

2 放入食物密封袋並壓出空氣，註明食材品項／分裝日期／重量後再平放冰箱冷凍保存。

3 下次預備烹調前一晚取出所需份量移至冷藏區自然解凍。

- 2 ～ 3 週冷凍保存
- 自然解凍或是以微波爐解凍

保存法 2　做成調理包

可做成蘿蔔爌肉調理包，滷一鍋香
氣十足的爌肉，適合配飯、拌麵，
或是做成刈包都非常方便！製作方
法請見p152家常蘿蔔爌肉調理包。

- 3 ～ 4 週冷凍保存
- 自然解凍或是以微波爐解凍

這樣處理更好吃

Tips1

如果是要長時間燉煮，可以切成大的肉
塊，吃起來比較有口感。

Tips2

如果要快炒，切片或切肉絲較適合。

Tips3

整條豬五花川燙，除
了吃起來清爽，記得
等降溫冷卻後再切才
不會切得碎爛。

脆皮燒肉

港式燒臘店櫥窗裡那燒烤的金黃皮脆肉嫩又多汁，讓人猛吞口水的脆皮燒肉，
是不是每次點餐都只能吃到少少幾塊，總是意猶未盡呢？
沒關係，現在在家就來動手做，想吃多少就烤多少！

食材

五花肉（切大方塊）約 1 公斤
薑片 4 片
蔥 1 根

· 調味料
五香粉 1 大匙
鹽 ½ 大匙
白胡椒粉 1 茶匙
米酒 1 大匙
黑糖 ½ 大匙
食用小蘇打粉適量

作法

1 鍋中放入五花肉塊、薑片及青蔥，注水淹過五花肉，煮滾後再煮 10 分鐘左右。

2 將五花肉撈起泡冰水冰鎮一下後，用餐巾紙將水分充分吸乾。

3 將所有調味料調勻後（小蘇打粉除外），塗抹在五花肉上（皮除外不要抹）。

4 用鋁箔紙把整塊肉包起來，只露出豬皮部位，接著用尖銳物在豬皮表面扎刺無數的洞（深度至少 1 公分，越密集越多越好），接著放入冰箱冷藏過夜，讓表面徹底脫水乾燥。

5 在豬皮表面撒上薄薄一層小蘇打粉，接著放入已預熱 200℃的烤箱烤 30 分鐘左右即可。

6 脆皮燒肉從烤箱取出靜置 15 分鐘後再切塊食用。

Tips

· 豬皮不要塗抹醃料，否則烤的時候易焦黑，且一定要長時間徹底脫水乾燥，烤的時候才會漂亮。

· 扎洞時越密集越好，且一定要扎深至白色脂肪層，這樣爆皮脆皮的效果愈好。

· 小蘇打粉撒上適量就好，不要貪多，否則烤出來會有小蘇打的鹼味影響味道。

· 烤後取出靜置 15 分鐘再切，讓肉汁鎖在裡面。

檸檬香煎豬五花

先用大火將五花肉表面煎金黃封住肉汁，
還可以把油逼出，接著再轉小火悶煎至熟，這樣肉吃起來嫩且多汁，
搭配檸檬還能去油解膩，當下酒菜也很適合。

食材

五花肉條 1 條
（寬度約 2.5 公分，450g）
檸檬 ½ 顆
蒜頭 5 瓣

· 調味料

米酒 1 大匙
鹽 1 小匙
粗黑胡椒粒適量

作法

1　蒜頭去皮切片，豬五花肉條灑上黑胡椒粒、鹽、米酒及蒜片搓揉後放冰箱醃 2 小時。

2　剝掉蒜片和黑胡椒，平底鍋熱鍋放入五花肉條，用大火煎至表面金黃。

3　轉中小火蓋上鍋蓋悶煎至熟（約 10 分鐘）取出，同鍋放入蒜片煎炸至酥。

4　靜置 5 分鐘後的豬五花切片、檸檬切塊，食用時擠上檸檬汁搭配蒜片酥即可。

Tips

· 悶煎時請用中小火，以免外頭焦硬了裡面肉還沒熟。

· 炸蒜片時也請用中小火，稍微變金黃就立刻熄火濾油，不然會變焦苦。

古早味魷魚香菇油飯

煮熟的糯米拌入炒得香氣四溢的佐料，
這充滿濃濃古早味的油飯，是一道台灣習俗裡分享喜悅，大人小孩都愛的傳統米食。
不用等到特別節日，想吃馬上動手做。

食材

五花肉 350g	·調味料	米酒 1 大匙
乾魷魚 1 尾	麻油 2 大匙	水 2 大匙
乾香菇 25g	葡萄籽油 1 大匙	·糯米飯
蝦米 30g	鹽 1 茶匙	長糯米 3 米杯
油蔥酥 15g	白胡椒粉 1 茶匙	水 2.1 米杯
	醬油 2.5 大匙	

作法

1 長糯米洗淨瀝乾水分，倒入電子鍋加水後，選擇「糯米飯」行程煮熟備用。

2 乾香菇泡軟，乾魷魚泡水 30 分鐘洗淨。

3 五花肉、香菇及魷魚切絲，蝦米洗淨瀝乾水分備用。

4 熱鍋倒入 1 大匙葡萄籽油和 1 大匙麻油，放入五花肉絲炒至表面變色後，接著加香菇、魷魚及蝦米拌炒。

5 加入鹽、白胡椒粉、醬油、米酒及水炒至香氣四溢後，再加油蔥酥拌炒熄火。

6 加入煮熟的糯米飯及 1 大匙麻油全部攪拌均勻即可。

Tips

· 長糯米口感 Q 但較不黏，圓糯米則是較軟黏，如果喜歡軟黏口感的也可以換成圓糯米。

· 糯米和水的比例為 1:0.7，水千萬別貪多不然會太爛。如果電子鍋有「糯米飯」行程，洗淨後直接煮不用浸泡；如果沒有，糯米洗淨後加入上述比例的水浸泡半小時再煮。若是用電鍋，外鍋加一杯水。

· 魷魚泡半小時差不多，千萬不要泡太久會變過軟，這樣炒起來比較不香，口感也沒那麼好。

· 麻油冒煙點低，所以炒料時混合葡萄籽油或是其他沙拉油拌炒比較好。炒好的拌料嚐起來味道會重一點，但是加入糯米飯中和後就會剛剛好。

涼拌腐乳五花肉片

吃膩了蒜泥白肉，不妨試看看用豆腐乳調製的醬料，

淋上腐乳醬汁的肉片搭配小黃瓜絲，

吃起來很爽口，適合當炎熱夏天的開胃菜。

食材

五花肉 300g
小黃瓜 1 根
辣椒 1/2 根
香菜 1 株
老薑片 4 片

·調味料

米酒 2 大匙
豆腐乳 30g
開水 20cc
味霖 20cc

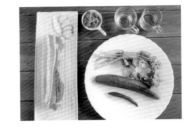

作法

1　小黃瓜洗淨切絲、辣椒去籽切末、香菜洗淨切碎。

2　調製腐乳醬汁：豆腐乳和開水及味霖拌勻後加入辣椒末。

3　起一滾水鍋，放入五花肉條、米酒及薑片悶煮 20 分鐘熄火，續悶 10 分鐘。

4　撈起五花肉等降溫，切片。

5　擺上小黃瓜絲、肉片，再淋上腐乳醬汁、撒香菜即完成。

Tips

· 小黃瓜絲及調好的腐乳醬汁先放冰箱冷藏，冰冰涼涼更美味。

· 小黃瓜、香菜及辣椒因為要生食，洗淨後要再沖過開水處理，砧板也要乾淨。

家常蘿蔔爐肉

每個人的記憶裡都有一鍋屬於自家味道的香噴噴爐肉，
用小火慢慢燉滷的軟嫩油亮五花肉，
還有吸飽了滷汁及五花肉釋出的油脂後格外鮮甜好吃的白蘿蔔，
光滷汁淋上白飯，就會令人貪嘴的想多吃好幾碗呀。

食材

五花肉 800g	青蔥 2 根	冰糖 25g	醬油（醃）1.5 大匙
白蘿蔔 450g	蒜苗 2 根	白胡椒粉 1 小匙	米酒（醃）1 大匙
紅蘿蔔 100g	·調味料	米酒 50cc	·包裝
老薑 15g	醬油 120cc	水 650cc	食物密封袋（小）數個

作法

1　五花肉切大塊，並用 1.5 大匙醬油及 1 大匙米酒拌醃上色 10 分鐘，青蔥、蒜苗洗淨切長段，薑切片，紅白蘿蔔洗淨削皮切塊備用。

2　熱油鍋，放入五花肉塊煎至表面金黃。

3　放入薑片及蔥白段炒香，並放冰糖炒融至上色。

4　炒好的五花肉上頭舖上紅白蘿蔔，接著放蔥綠蒜綠，倒入醬油、水、米酒及白胡椒粉煮滾。

5　蓋上鍋蓋轉小火滷 50 分鐘左右即可。

6　等完全降溫放涼後可做成調理包冷凍保存（因為有湯汁，分裝時請先將每樣食材盡量平均分配，湯汁最後平均舀入）。

Tips

· 紅白蘿蔔要舖在肉上面，滷的時候五花肉的油脂會浮上來，如此一來白蘿蔔會吸飽滷汁和油脂，這樣不但更入味好吃，肉也減少了油膩感。

· 每個醬油品牌的鹹度不同，請視自家的口味斟酌調整。

· 使用冰糖炒過可使肉更上色油亮。

爌肉高麗菜燴飯

爌肉燒燴高麗菜再配上白飯，
有肉有菜又有飯，一餐簡單搞定上桌！

食材

蘿蔔爌肉（連湯汁）1 份（250g）
高麗菜 2 片
白飯 1 碗

· **調味料**

蓮藕粉水 1 大匙

作法

1　將高麗菜洗淨切寬條備用。

2　蘿蔔爌肉用小鍋加熱煮滾後，放入高麗菜煮熟軟，接著加 1 大匙蓮藕粉水勾芡，最後倒在熱白飯上即可。

Tips

健康取向，勾芡請盡量用蓮藕粉水取代太白粉水。

爌肉刈包

用爌肉來做台灣夜市人氣美食刈包吧！

食材

五花肉 3 塊

小黃瓜條 3 ～ 4 片

酸菜 1 大匙

花生粉 1 大匙

香菜末適量

刈包皮 1 份

作法

刈包蒸熱，放上小黃瓜條及爌肉，撒上炒香的酸菜、花生粉及香菜即可。

雞肉 chicken

03

雞腿肉 chicken thigh

每次到 Costco 非買不可的人氣商品之一就是雞腿肉，有去骨的雞腿排或是切塊的雞腿肉。雞腿的肉質厚實有彈性，可以說是雞肉中最美味的部份，已去骨的雞腿排好切又好料理，可以變化出非常多好吃又美味的菜色。

 台灣雞棒棒腿切塊 (149/1kg)　　　　　美去骨清雞腿 (205/1kg)

分裝與保存

保存法 1 **雞腿切塊分小袋保存**

1 買回的雞腿切塊是一大盒的，除了保留這二天要料理的份量外，其餘的建議分裝成小包裝會更方便使用。

2 用食物密封袋將所需的份量分裝好，確實擠壓出內部的空氣，註明食材的品項／分裝日期／重量，放入冰箱冷凍保存。

3 料理前一晚移至冷藏區進行解凍即可。

- 2～3 週冷凍保存
- 自然解凍或是以微波爐解凍

保存法 2　將每塊去骨雞腿排分開包裝

1　雞腿排每包真空包中都有 2～3 片，建議買回家後保留這二天所需的份
　　量，其餘的再個別分裝保存。

2　分裝前，可將雞腿排多餘的肥油先剔除，這樣料理時才不會過於油膩。
　　取下的肥油可用鍋子以小火煸出雞油。

3　雞腿排可用冷凍專用的保鮮膜或真空袋、密封袋來分裝，包裝時將內部
　　的空氣擠壓出，註明重量。

4　再用大的冷凍密封袋包裝好，註明食材品項／分裝日期／重量，再放入
　　冰箱冷凍保存。

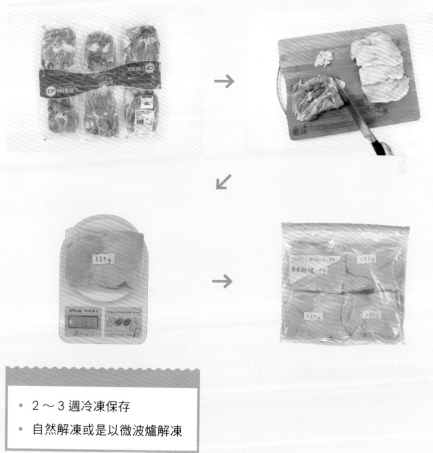

- 2～3 週冷凍保存
- 自然解凍或是以微波爐解凍

將去骨雞腿排切成適口大小

去骨雞腿排不只適合整片煎烤食用，切成
塊狀也能變化出多樣的料理，切成適口性
的大小經過烹煮後更方便食用。可用冷凍
專用的保鮮膜或真空袋、密封袋來分裝。

- 2～3 週冷凍保存
- 自然解凍或是以微波爐解凍

保存法 4 　**做成調理包**

1　可將雞腿排先醃製好，下鍋煎成焦香
　的雞腿排，冷卻後分別包裝好放冰箱
　冷凍保存，下次料理前取出解凍即可。
　製作方法請見 p174 雞腿排調理包（上
　圖）。

2　咖哩雞調理包也是大小朋友最愛的家
　常料理，利用週末時刻一次煮好再分裝
　冷凍保存，使用玻璃保鮮盒退冰後即
　可馬上加熱享用。製作方法請見 p178
　咖哩雞調理包（下圖）。

- 3～4 週冷凍保存
- 自然解凍或是以微波爐解凍

這樣處理更好吃

Tips1

切塊的雞腿肉無論是熬湯或燉煮，事
先用熱水川燙可去除雞腿肉中的血水
及雜質，這樣煮出的湯頭及肉質才會
鮮甜。

Tips2

雞腿排可吃原味，也可加入天然的辛
香料來做醃製，經過醃製的雞腿排，
更能襯出雞肉的鮮甜，不但能去腥提
鮮，更能嚐到 Q 彈的口感。

Tips3

料理時，雞皮朝下先下鍋香煎，煸出
油脂，翻面後再蓋上鍋蓋，以先煎後
煮的方式，不止能輕鬆又快速煎好雞
腿排，肉質還會非常鮮嫩且多汁。

紹興醉雞

紹興醉雞源自於浙江，而它好吃的秘訣之一就是選擇「土雞」去骨或帶骨的雞腿來製作。
作法非常簡單，將去骨雞腿用棉繩綁好，以水煮燜熟的方式，
放涼後利用鮮美的雞湯加入適量的紹興酒及當歸、枸杞浸泡冰鎮一晚，
土雞肉的 Q 彈肉質嚐得到獨特的酒香，冰冰涼涼的好消暑！

食材

去骨雞腿 2 支　　　　　·醉雞滷汁
料理用棉繩一小段　　　紹興酒 200cc
·水煮用　　　　　　　當歸 1 片
青蔥 2 根　　　　　　　枸杞 ½ 大匙
薑片 3～4 片　　　　　海鹽 2 小匙
米酒 1 大匙

作法

1　將青蔥切段，當歸和枸杞用冷開水沖洗乾淨。

2　去骨雞腿用棉繩綑綁成型。

3　煮一鍋熱水先將去骨雞腿川燙以去除血水及雜質。

4　將川燙過的雞腿、蔥段和薑片都放入鍋裡，注入適量的水，水量超過雞腿的高度即可。倒入米酒，水滾後轉小火，蓋上鍋蓋煮約 15 分鐘，熄火後用餘溫燜熟放涼即可。

5　煮雞腿的同時，準備一個容器（附上蓋）加入紹興酒及海鹽和當歸、枸杞（以紹興酒 1：雞湯 1 的比例）浸泡出香氣。

6　將煮好稍微冷卻的雞腿放入冰塊水中冰鎮，可讓雞皮變得更加 Q 彈。

7　雞腿肉及雞湯冷卻後，放入紹興酒裡浸泡一晚更入味，喜歡酒香的可以將酒多放一些。

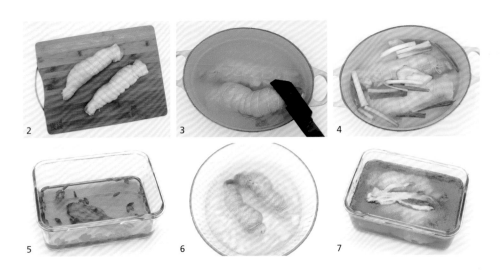

Tips

・煮雞腿時剩下的雞高湯可留下，無論煮粥或湯麵都不錯。

・醉雞一次可以多做一些，將雞腿及醬汁分裝在容器裡放冷凍庫，想吃時前一晚放冷藏退冰就可以吃，味道一樣很美味（冷凍可放一個月沒問題）！

麻油雞

秋冬聖品「麻油雞」要正式登場了！

麻油特有的香氣結合老薑的辛辣味，經過小火慢慢煏香，加入純米米酒而不加半滴水，

經細火慢燉後的麻油雞，雞肉不但鮮甜，醇厚的米香也都保留在湯頭裡，

還可加入麵線搭配滿滿的湯汁及麻油特有的香氣，每一口都讓人感受到滿滿的幸福呢！

食材

雞腿切塊 300g	麻油 1 大匙
薑片 10 片	冰糖 1 小匙
紅棗 5 顆	鹽少許
枸杞少許	純米米酒 1 瓶（500cc）

作法

1 紅棗及枸杞用水清洗，瀝乾備用。

2 將雞肉用熱水川燙過，再用冷水沖洗乾淨瀝乾備用，這樣可將雞肉的血水及雜質去除，湯頭才會香醇而不混濁。

3 鍋裡倒入麻油，以小火煸香薑片。

4 將川燙過的雞肉下鍋以中小火拌炒，炒至雞肉表面呈現半熟狀，肉汁封鎖住。

5 再加入冰糖拌炒一下，倒入米酒煮滾。煮約 5 分鐘後，可將米酒的酒精煮至揮發而保留了美味的酒香。

6 用湯勺將湯的表面浮末撈除，放入紅棗再次煮滾後，蓋上鍋蓋燉煮約 10 〜15 分鐘，加入枸杞及鹽調味即完成，享用前可再加一小匙的米酒提味。

Tips

· 麻油下鍋後一定要用小火慢慢煸香薑片，使用中大火容易造成麻油變苦。

· 米酒一定要將酒精煮到揮發，不然容易會有苦味。

· 怕酒味太重的話，建議以米酒 1：水 1 的比例來烹煮，經過燉煮後就沒有酒味。

三杯雞

三杯雞是非常受歡迎的經典台菜，是餐廳菜也是家常菜。

醬汁微甜微鹹，爆香的蔥薑蒜，配上麻油的醇厚和九層塔的迷人香氣，

燒的入味而油亮油亮的雞肉，實在是讓人難以抗拒！

食材

雞腿切塊 300g	·醬料
青蔥 2 根	麻油 2 大匙
蒜頭 12 瓣	醬油 2 大匙
薑片 8 片	冰糖 1.5 大匙
辣椒 1 根	米酒 3 大匙
九層塔一大把	黑胡椒粉 1 小匙

作法

1 選用切塊的雞腿或雞肉都可，先將雞肉用熱水川燙後，沖冷水去除雜質，瀝乾備用。辣椒切片、青蔥切段、蒜頭去皮備用。

2 鍋裡倒入麻油，將蒜粒及薑片都下鍋以小火慢慢煸香；喜歡吃辣一些，可先放入辣椒一起拌炒。

3 當薑片煸出香氣有點捲曲狀時，加入雞肉塊下鍋拌炒至兩面焦香狀。

4 加入冰糖及醬油拌炒煮上色。

5 再倒入米酒煮至酒精揮發，這時加入辣椒及蔥白一起拌炒。

6 以中火拌炒將雞肉慢慢燒入味，燒至醬汁稍微收乾，起鍋前撒上黑胡椒粉，加入九層塔及蔥段拌炒一下，即可起鍋。

Tips

· 雞肉先川燙過，可去除血水及雜質，經過沖冷水可讓雞皮變 Q。

· 夏天可將麻油改成芝麻香油來做三杯料理，味道清爽又不會上火喔！

蒜頭香菇雞湯

讓雞湯不只是一般的雞湯！

蒜頭富含許多營養，除了可以增強體力跟精力，更能預防及舒緩感冒引起的不舒適感。

經過熬煮的蒜頭，讓雞湯增添了濃濃的蒜香卻沒有嗆辣的口感，

而煮後的蒜頭像馬鈴薯一樣綿密，很適合全家大小食用。

食材

雞腿切塊 300g

乾香菇 5 朵

蒜頭 12 瓣

薑片 2 片

枸杞少許

· 調味

米酒 1 大匙

海鹽適量

作法

1　將蒜頭去皮，乾香菇用冷水浸泡至軟，約 20 分鐘。

2　用一鍋熱水將雞肉川燙去除血水及雜質，再用冷水沖洗乾淨。

3　將雞肉放入鍋裡，注入適量的清水，水量約鍋子的八分滿。

4　放入香菇和蒜頭、薑片以中小火煮滾，再用湯勺將湯頭表面的浮渣撈除，蓋上鍋蓋轉小火燉煮約 30 分鐘。

5　燉煮時間可依個人喜愛雞肉的口感做調整，熄火前放入枸杞，倒入米酒提味，以海鹽調味。

Tips

如果怕蒜味太重，可以將蒜頭用鍋子先炒至表面上色，再放入雞湯裡一起燉煮。

烤咖哩花生醬雞肉串

用咖哩和花生醬醃製烤過的雞肉有著特殊的香氣，
搭配薑黃飯食用，散發濃濃的南洋風情。

食材

去骨雞腿排 2 塊　　　　米酒 3 大匙

檸檬 1 小塊　　　　　　椰奶 2 大匙

・調味料　　　　　　　鹽 1 小匙

花生醬 2 大匙

咖哩粉 1 大匙

作法

1　將雞腿肉去皮去掉油脂切小塊，所有調味料混合調勻。

2　將雞肉塊放入花生咖哩醬料裡，混合後讓每塊雞肉都沾到醬料，放入冰箱冷藏醃一個晚上。

3　將醃好的雞肉用烤肉串一一串起烤熟，擠上檸檬汁食用即可。

Tips

・冷藏過後稍微會凝固，拿到室溫回軟再稍微抓一下即可。

・煮薑黃飯一起搭配食用，很有南洋風情味！

鳳梨七喜雞肉串燒

用喝不完的七喜汽水來醃肉，
裡面的蘇打可以軟化肉質，還能讓烤肉帶有甜味喔。

食材

去骨雞腿排 2 片
鳳梨 150g

・調味料
醬油 3 大匙
七喜汽水 50cc
檸檬汁 2 大匙

作法

1　雞腿肉去皮切小塊，用調味料抓勻醃 15 分鐘；鳳梨切小塊備用。

2　將雞腿肉塊和鳳梨間隔擺放，用烤肉串將雞肉一一串起烤熟即可。

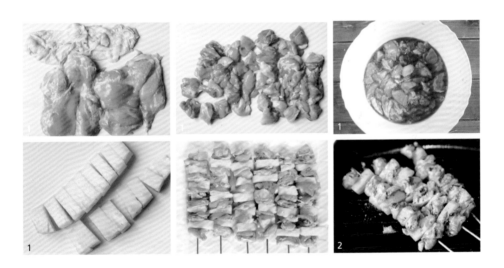

雞腿排調理包

食材

去骨雞腿排 4 支　　　　義式香料粉 1 小匙

・醃料　　　　　　　　匈牙利紅椒粉 2 小匙

蒜頭 2 瓣　　　　　　　橄欖油 1 大匙

海鹽 2 小匙　　　　　　・包裝

黑胡椒粉 2 小匙　　　　食物密封袋（小）數個

五香粉 1/2 小匙

作法

1　將去骨雞腿用水沖洗乾淨，擦乾備用；蒜頭磨成泥。

2　將去骨雞腿邊多餘的肥油去除。

3　準備一個調理碗放入去骨雞腿和所有的醃料，倒入橄欖油。

4　用手抓醃 2 分鐘後蓋上保鮮膜或蓋子，放冰箱冷藏醃製至少 2 小時使其入味。

5　熱鍋後，將雞皮朝下放入鍋裡，以小火慢煎方式將雞皮的油脂釋出。

6　雞皮呈現金黃酥脆時將雞腿排翻面，蓋上鍋蓋小火煎 3 ～ 4 分鐘讓雞肉內部煮熟，再將煎好的雞排取出放涼。

7　完成的香料風味雞腿排，放涼後用食物密封袋分裝保存。

Tips

包裝好的雞腿排可放冷藏 2 天，冷凍一個月保存。食用前退冰回溫，再覆熱即可享用。

蒜香雞腿排義大利麵

有時想吃簡單拌炒的義大利麵卻覺得太單調，這時冰箱內的雞腿排就派上用場啦！
簡單的步驟卻有大大的滿足及飽足感，最適合輕鬆的假日午餐。

食材

雞腿排 1 片

義大利麵 70g

彩色甜椒 ¼ 顆

辣椒少許

蒜片少許

鹽（煮麵水用）2 小匙

黑胡椒粉少許

橄欖油 2 小匙

作法

1　將辣椒切片、彩色甜椒切絲。

2　煮一鍋水，放入 2 小匙海鹽，煮滾後放入義大利麵煮至 8 分熟，依照包裝背面建議的烹煮時間。

3　煮麵的同時，將橄欖油倒入平底鍋熱鍋，雞腿排用小火慢煎，兩面加熱即可起鍋。

4　沿用剛才的鍋子放入蒜片和辣椒片炒香，將彩椒和煮至 8 分熟的麵條倒入鍋裡以中大火拌炒，加入少許的煮麵水做調整，試吃一口，如鹹度不夠可加少許的鹽調味，起鍋前撒上黑胡椒粉即完成。

泰式椒麻雞

椒麻雞酸酸辣辣的好下飯！
簡單的幾個步驟就可以完成，困難度幾乎是０！
椒麻醬料可隨個人喜愛的口味做調整呦～

食材

雞腿排 1 片
高麗菜絲適量
香菜適量

・椒麻醬料
醬油 1 大匙
檸檬汁 1 大匙
細砂糖 1.5 大匙
魚露 ½ 大匙
水 1 大匙
花椒油 ½ 大匙
辣椒丁適量
蒜末適量

作法

1　將雞腿排用平底鍋或烤箱加熱後，切塊備用。

2　調製椒麻醬料，全部混合均勻。

3　高麗菜絲舖在盤底，放上切好的雞腿排，淋上調好的醬料撒些香菜即完成。

咖哩雞調理包

食材

去骨雞腿 3 支（約 500g）

馬鈴薯 2 顆

洋蔥 2 顆

紅蘿蔔 1 根

西洋芹 2 根

月桂葉 2 片

蒜頭 1 瓣

橄欖油 1 大匙

雞高湯 800cc

· 調味料

市售咖哩塊半盒（4 小塊）

咖哩粉 1 大匙

黑胡椒粉 1 小匙

作法

1　將馬鈴薯及紅蘿蔔去皮後切塊、西洋芹去除粗纖維再切塊、洋蔥切丁、蒜頭磨成泥。

2　將去骨雞腿切成塊狀，適口性的大小。

3　熱油鍋後，以中大火將切塊的雞肉下鍋炒至表面焦香，起鍋備用。

4　加入橄欖油，洋蔥下鍋炒至透明狀，放入蒜泥和咖哩粉炒香，再將雞肉倒回鍋裡拌炒上色。

5　雞肉炒香後撒上黑胡椒粉，放入所有的蔬菜及月桂葉拌炒，倒入雞高湯，煮滾後蓋上鍋蓋轉小火燉煮約 30 分鐘。

6　當雞肉及蔬菜都煮熟時先熄火，放入咖哩塊輕輕攪拌融化。最後以中小火再次煮滾，熄火放涼。

7　完成的咖哩可用食物玻璃保鮮盒分裝，以冷藏或冷凍方式保存，享用前回溫或退冰，加熱即可。

Tips

· 咖哩醬汁要好吃的秘訣，除了加入蔬菜的自然鮮甜之外，使用多種咖哩塊更能增添不同的風味。

· 咖哩冷卻後可放冰箱冷藏一晚幫助熟成，隔天咖哩的風味會更豐富。

焗烤起司飯

吃膩了白醬焗烤，不如試試看咖哩焗烤起司飯。
濃厚的咖哩味配上會拉絲的焗烤起司，超級犯規！

食材

咖哩雞調理包 1 份（約 400 克）
白飯 2 人份
綠花椰適量
乳酪絲適量
黑胡椒粉少許

作法

1　將綠花椰川燙熟，備用。

2　準備兩個可進烤箱的烤盅，先放入白飯，再加入咖哩雞和綠花椰菜。

3　撒上乳酪絲，送進烤箱以 180℃ 烘烤約 10 ～ 12 分鐘，烤至乳酪融化變金黃色即可出爐。

雞胸肉 chicken breast

雞胸肉不只低脂、低熱量，對於想控制熱量的人來說，是最佳優質的蛋白質來源之一。到 Costco 採買不只價格優惠且份量都不少，只需簡單料理，就能嚐到鮮嫩多汁的雞肉口感喔！

 台灣雞清胸肉 (175 元 /1kg)

分裝與保存

保存法 1 **切塊保存**

1 將雞胸肉斜切成片狀或是適口大小，用來炒或炸都非常方便。

2 切好的雞胸肉平放在食物密封袋裡，並將袋中空氣排出，註明食材品項／分裝日期／重量，放進冰箱冷凍保存。

3 下次要料理前一晚先將所需的用量取出，移至冷藏區進行解凍。

- 2 ～ 3 週冷凍保存
- 自然解凍或是以微波爐解凍

 →

保存法 2 **每一片分開保存**

1 真空包中都有 2 ～ 3 片的雞胸肉，買回家後使用冷凍專用的保鮮膜或烘焙料理紙將每片的雞胸肉分別包裝好，並標註重量以利於下次使用時方便料理。

2 各別包裝好的雞胸肉再放入食物密封袋中，註明食材品項／分裝日期／重量，放進冰箱冷凍保存。

3 下次要料理前一晚先將所需的用量取出，移至冷藏區進行解凍。

* 2 ～ 3 週冷凍保存
* 自然解凍或是以微波爐解凍

1　可做成水煮雞胸肉，加入適量的雞高湯，以食物保鮮盒或密封袋來分裝及保存。雞胸肉加入雞高湯更能達到保持水嫩的口感。製作方法請見 p192 水煮雞胸肉調理包（上圖）。

2　將雞胸肉先製作成炸雞塊，用食物密封袋做分裝再放入冰箱冷凍保存。製作方法請見 P195 日式炸雞調理包（下圖）。

- 3～4 週冷凍保存
- 自然解凍或是以微波爐解凍

這樣處理更好吃

Tips1

雞胸肉的厚度不一，料理前可用刀背的部份將肉輕輕拍扁，藉由刀背將肌肉紋理切斷，料理時更容易受熱均勻，口感一致。

Tips2

依照料理的需求切成長條狀，切斷長條形的肌肉紋理，就能嚐到口感極佳的雞胸肉。

 Tips3

用刀子先將雞胸肉表面輕劃出細格紋，切斷肌肉纖維紋理，再切成塊狀，這樣料理時更能嚐到雞肉美味的口感。

Tips4

要讓雞肉吃起來鮮嫩多汁的秘訣，可用醃製的方式讓雞肉保有更多的肉汁。醃製的材料可使用雞蛋、太白粉、牛奶或優格。

Tips5

料理方式也是很重要的，水煮後利用鍋子的餘溫讓雞肉燜熟，更能保留雞肉的軟嫩！

Tips6

炸雞塊是大人小孩都愛的料理，學會了如何醃製雞肉，再學會利用兩次不同油溫炸出的雞塊，會更加酥脆。

宮保雞丁

說到川菜，第一個想到的一定是宮保雞丁！

拌炒過後的雞肉吃起來鹹香中帶辣以及些許的麻，

而花生不只增添口感，也有畫龍點睛的效果，吃起來讓人直呼過癮，

是一道人見人愛的下酒菜喔！

食材

·材料 A	·材料 B	·醃料
雞胸肉 350g	乾辣椒 15g	醬油 1 大匙
花生米 50g	花椒 2 小匙	蠔油 ½ 大匙
食用油適量	青蔥 3 根	米酒 1 大匙
	薑片 5 片	鹽 1 小匙
	蒜頭 8 瓣	太白粉 ½ 大匙

作法

1 將蒜頭去皮，蔥段分成蔥白及蔥綠，備用。

2 將雞胸肉切成丁。

3 雞胸肉用醃料抓醃，醃製 15 分鐘使其入味。

4 熱油鍋後，放入醃製好的雞胸肉以大火拌炒，炒至雞肉呈現金黃色時先起鍋。

5 轉小火將材料 B 下鍋（蔥綠除外）炒出香氣。

6 最後放入炒好的雞肉，以及花生米和蔥綠稍微拌炒均勻即可起鍋。

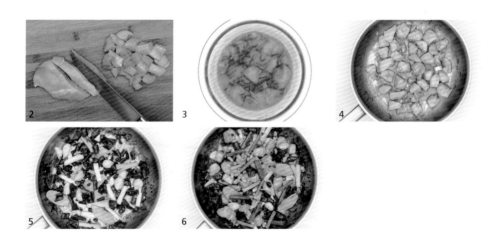

Tips

· 雞胸肉要先醃製入味，口感才會鮮嫩且美味。

· 如果怕吃太辣的話，可將乾辣椒的籽去除，就能減低辣度。

台式鹽酥雞

酥脆的鹽酥雞，因為有了九層塔，變得更吸引人了！

金黃色澤中的鹽酥雞帶著提味的綠色九層塔，不論年輕老少都喜歡。

它不只是宵夜的好夥伴，更是平常嘴饞時最想吃的點心。

一口多汁入味的鹽酥雞，配上炸過的九層塔，再來罐啤酒超讚！

食材

雞胸肉 350g

九層塔適量

地瓜粉適量

· 醃料

辣椒粉 1 小匙

五香粉 1 小匙

胡椒粉 1 小匙

細砂糖 1 小匙

醬油 2 小匙

蒜頭 2 瓣

雞蛋 1 顆（小）

作法

1　先將蒜頭磨成泥，九層塔葉洗淨瀝乾水份備用。

2　將雞胸肉的表面用刀輕劃出細格紋狀，再切成適口性的大小塊狀。

3　將切好的雞肉塊放入調理碗，加入所有的醃料。

4　將所有的材料都混合均勻，放冰箱冷藏，靜置 1 小時使其入味。

5　料理前 20 分鐘取出醃製好的雞肉塊，均勻的裹上地瓜粉，靜置約 10 分鐘後使其反潮，才可進行下鍋油炸。

6　鍋裡倒入適量的油，當油溫達到約 160℃時，分次將雞塊下鍋油炸。第一次將雞塊炸至 7 分熟即可，起鍋後利用雞塊的餘溫至全熟。第二次，將油溫升高至 180℃，放入雞塊及九層塔葉炸至金黃色，起鍋放置網架上瀝乾多餘油脂。食用前，可依個人喜好添加胡椒粉及辣椒粉享用。

Tips

· 可於前一晚先將雞肉醃製好放冰箱冷藏，隔天再做料理會更入味。

· 裹上粉類後，需靜置一會兒使其反潮，這樣麵衣才不容易掉落，口感更佳。

· 利用 2 次油炸方式，可讓鹽酥雞更加鮮嫩多汁。

檸檬雞柳條溫沙拉

清新的檸檬風味沾醬，不管搭配什麼都讓人食指大動！

爽脆的生菜蔬果沾上檸檬風味沾醬，清爽不膩口。

金黃酥脆的雞柳條裹上玉米脆片不只增添風味，更能減少熱量攝取且降低身體負擔。

食材

雞胸肉 300g	·檸檬風味沾醬	·醃料
原味玉米脆片一大碗	美乃滋 1.5 大匙	原味優格 2 大匙
生菜 2 顆	檸檬汁 1 小匙	檸檬汁 1 顆份
小黃瓜 1 根	檸檬皮屑少許	黑胡椒粉 1 小匙
小番茄適量	蜂蜜 1 小匙	鹽 2 小匙
檸檬 1 顆		雞蛋 1 顆

作法

1　將生菜及番茄、小黃瓜洗淨瀝乾水份備用，雞蛋打成蛋汁備用。將沾醬的材料全部混合即為檸檬風味沾醬。

2　將雞胸肉切成長條狀、檸檬榨成汁備用。

3　將雞胸肉放置調理碗中，加入醃料及優格稍微抓醃，靜置約 30 分鐘使其入味。如果喜歡更入味，可於前一晚先將雞肉醃製放冰箱冷藏至隔天。

4　將玉米脆片壓成細碎狀，把醃製好的雞胸肉均勻裹上玉米脆片。

5　烤箱先預熱至 180℃。將裹上玉米脆片的雞柳條放在舖有烘焙紙的烤盤上，送進烤箱以 180℃烘烤至雞柳條表面金黃，烘烤時間約 12～15 分鐘。

6　烤雞柳條的同時，將生菜及切片的小黃瓜、小番茄盛盤備用。烤至金黃酥脆的雞柳條，搭配生菜蔬果一起享用，好吃又無負擔。

Tips

利用優格及檸檬汁醃製的雞胸肉非常鮮嫩，裹上玉米脆片以烤箱烘烤方式不只方便，且能減少熱量的攝取。

黑胡椒洋蔥雞柳

經典味美的黑胡椒醬、拌炒過後清甜的洋蔥、再加上一道秘密武器：無鹽奶油，

軟嫩的雞柳配上清甜的洋蔥，再加上無鹽奶油，

使原本的調味多了奶油香，讓風味大大的提升！

經拌炒過後的洋蔥充滿清甜且無辛辣味，搭配黑胡椒醬一起享用，

就算是不敢吃洋蔥的朋友也會愛上！

食材

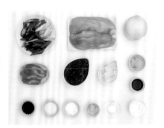

雞胸肉 350g	無鹽奶油 1 大匙	太白粉 1 小匙
洋蔥 1 顆	‧醃料	‧調味料
青蔥 2 根	蒜泥 1 小匙	黑胡椒醬 3 大匙
辣椒 1 根	米酒 1 小匙	細砂糖 1 小匙
紅蘿蔔片適量	鹽 1 小匙	醬油 1 小匙
蒜末 ½ 大匙	醬油 1 小匙	

作法

1　青蔥切段、辣椒切片、洋蔥切絲。

2　將雞胸肉切成薄片雞柳條。

3　用醃料將雞胸肉片抓醃入味，醃製約 15 分鐘。

4　鍋裡放入奶油加熱融化後，將蒜末和洋蔥絲及紅蘿蔔片一併下鍋炒香。

5　放進醃製入味的雞胸肉片，以中大火快速拌炒。

6　最後倒入黑胡椒醬及醬油和糖拌炒入味，起鍋前放入蔥段和辣椒拌炒即完成。

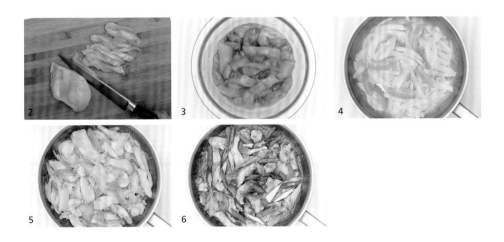

Tips

雞胸肉的肉質較乾澀，醃料時抓裹適量的太白粉，可讓雞胸肉的表面較滑嫩，入鍋拌炒時也較容易均勻炒散開。

水煮雞胸肉調理包

食材

雞胸肉 600g
青蔥 1 根
老薑 1 小塊
米酒 1 大匙

· 包裝
食物密封袋（小）數個

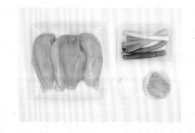

作法

1　青蔥切段、老薑切片。

2　將雞胸肉先川燙過，沖冷水去除雜質。

3　準備一個湯鍋，放入川燙過的雞胸肉及適量的水（水量超過雞胸肉即可），依序加入蔥段及薑片，倒入米酒以中小火煮滾。

4　用湯勺將湯表面的浮渣撈除，使用中小火煮 10 分鐘。

5　熄火後蓋上鍋蓋燜至少 30 分鐘。

6　利用餘溫讓雞胸肉煮熟，且吸滿了雞湯會更多汁，雞湯可留下煮粥或麵都好吃。

7　雞胸肉和雞湯都冷卻後，取出蔥段及薑片，將雞胸肉以及雞湯分別裝入食物密封袋或食物保鮮盒，放入冷藏或冷凍保存。

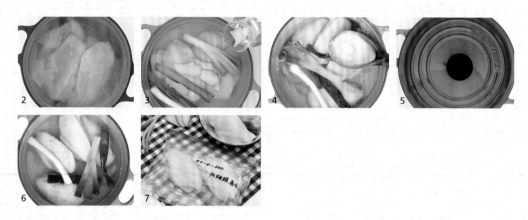

Tips

· 要讓雞胸肉鮮嫩多汁的訣竅之一，就是以燜煮的方式，利用鍋子的餘溫讓雞胸肉煮熟且吸附了雞湯的甜味。

· 分裝好的雞胸肉放冷藏可保存 2 天，冷凍可存放 1 個月。食用前一天從冷凍庫移至冷藏區退冰即可。

麻醬雞絲涼麵

水嫩多汁的水煮雞胸肉搭配爽口的小黃瓜等配料，色彩繽紛且營養滿分！
簡單又快速就能做出好吃又開胃的麻醬雞絲涼麵！

食材

水煮雞胸肉 1 片（約 150 克）

涼麵 1 人份

市售麻醬 2 大匙

・配菜

雞蛋 1 顆

小黃瓜半根

紅蘿蔔 1/4 根

作法

1　將雞蛋打成蛋汁，熱油鍋後煎成蛋皮，切絲備用。

2　小黃瓜及紅蘿蔔刨成絲。

3　將水煮雞胸肉剝成絲。

4　將涼麵擺盤，依序放上雞絲和蛋皮等配料，食用前淋上麻醬即可享用。

川味口水雞

川味口水雞結合了椒麻香及酸辣的帶勁滋味，將鮮甜又多汁的雞胸肉手撕成絲條狀，
搭配小黃瓜及彩椒的爽脆口感，淋上一大匙特製的椒麻醬汁及香酥花生，
色香味俱全的川味涼拌料理就完成囉～保證一上桌必被秒殺！

食材

水煮雞胸肉調理包 1 份
（300g）
花生碎少許
熟白芝麻少許
雞湯 1 大匙

・蔬菜配料
小黃瓜 1 根
彩色甜椒各 1/4 顆
新鮮辣椒 1 根

香菜適量

・椒麻醬汁
烏醋 2 大匙
醬油 3 大匙
砂糖 1/2 大匙
辣籽油 1 大匙
花椒粉 2 小匙
芝麻香油 2 小匙

作法

1　將雞胸肉用手撕成條狀，小黃瓜及彩椒
都切絲、辣椒切碎、香菜切碎。

2　調製椒麻醬汁：將所有材料都混合均
勻，醬汁的麻辣及酸度都可依個人喜愛
的味道做調整，最後可加入少許的雞湯
來調整醬汁濃度。

3　將小黃瓜絲和彩色甜椒舖在盤上，依序
放上手撕雞胸肉及香菜，淋上椒麻醬汁
及花生碎和白芝麻粒即完成。

調理包料理

日式炸雞調理包

食材

雞胸肉 600g　　　薑末 ½ 大匙　　　· 包裝
太白粉適量　　　　醬油 1 大匙　　　食物密封袋（小）數個
油（炸油）適量　　鹽 1 小匙

· 醃料　　　　　　細砂糖 2 小匙
雞蛋 1 顆　　　　　白胡椒粉 1 小匙
蒜末 ½ 大匙　　　　清酒 1 大匙

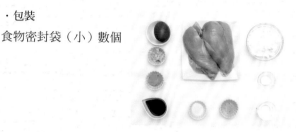

作法

1　將雞胸肉表面輕劃出細格紋，再切成塊狀。

2　切好的雞胸肉放進調理碗裡，放入所有的醃料。將雞胸肉與醃料混合，用手抓醃 2 分鐘（這是美味多汁的關鍵）靜置 30 分鐘讓雞胸肉入味；也可以在前一晚先醃製好放冷藏，隔天再料理。

3　靜置 30 分鐘後，加入適量的太白粉。

4　準備一個料理盤放入醃製好的雞肉及太白粉（太白粉的用量以雞肉表面都裹住粉狀即可）仔細裹滿，靜置 5 分鐘讓裹上粉的雞胸肉塊呈現反潮狀。

5　鍋裡倒入適量的油，以中小火加熱至 170℃ 時，分次放入雞肉塊，時而用筷子翻攪，炸約 4 分鐘後取出雞塊，放置網架上瀝乾油。

6　取出的雞肉塊靜置 1 ～ 2 分鐘，待油鍋溫度升高至 180℃ 時，將取出的雞肉塊再放回油鍋炸 1 分鐘，外皮呈現金黃酥脆即可起鍋。待雞塊都冷卻後，使用食物密封袋分裝，放進冰箱冷藏或冷凍保存。

Tips

開始先用較低的油溫炸過後取出靜置，用餘熱傳導至雞肉內部，若一直用高溫油炸，雞肉裡含的水份會過度蒸發，造成口感很柴，第二次用較高的油溫炸，可讓雞塊表面形成酥脆的口感。

墨西哥雞肉捲餅

夏天沒胃口的時候最想吃些什麼呢？酥脆多汁的日式炸雞，
淋上酸酸辣辣的墨西哥莎莎醬所做成的墨西哥雞肉捲餅，是開胃的好選擇，
搭配清爽的蔬菜，簡單又沒有負擔！

食材

日式炸雞調理包 1 份（150g）
墨西哥餅皮 2 片
生菜 2 片
彩色甜椒 ¼ 顆
小黃瓜 1 根
紫洋蔥絲適量
市售墨西哥莎莎醬 2 大匙

作法

1　將彩色甜椒切成條狀、小黃瓜切片、生菜洗乾
　　淨瀝乾水份。

2　日式炸雞用烤箱稍微烘烤加熱，墨西哥餅皮用
　　平底鍋烤熱再使用。

3　將生菜放在墨西哥餅皮上，依序放上洋蔥絲及
　　日式炸雞等食材，最後淋上墨西哥莎莎醬捲起
　　即完成。

醋溜雞肉

酸甜又夠味的糖醋醬汁裹上日式炸雞，
搭配色彩繽紛的甜椒和鳳梨片，是一道非常下飯又美味的料理，
利用日式炸雞調理包更能輕鬆又快速變化出一道美味佳餚。

食材

日式炸雞調理包 1 份（250g）
洋蔥 ¼ 顆
彩色甜椒各 ¼ 顆
鳳梨切片罐頭適量

・糖醋醬汁
細砂糖 2 大匙
白醋 2 大匙
番茄醬 2 大匙
鳳梨罐頭水 50cc
開水 30cc

作法

1 將洋蔥及彩椒切成一樣大小的塊狀，鳳梨與鳳梨汁瀝乾分開放。

2 熱油鍋後，將洋蔥下鍋拌炒一下，倒入糖醋醬汁煮至滾。

3 醬汁煮至濃稠狀時，加入鳳梨片及彩椒和日式炸雞一起拌炒，均勻裹上糖醋醬汁即完成。

雞翅 chicken wings

雞翅是雞肉中既便宜又容易料理的食材，是每次到 Costco 採買絕不能少的商品。
無論煎煮炒炸都能用上雞翅來做料理，連熬煮雞高湯都不能少了它。

 台灣雞中翅 (145 元 /1kg)

 分裝與保存

保存法 1　分成小袋保存

1　買回來的雞翅都是一大盒，取出這二天要使用的份量，再將其他的雞翅
　　分裝及冷凍保存。

2　使用食物密封袋將雞翅排放好，註明食材品項／分裝日期／數量，放進
　　冰箱冷凍保存，退冰後即能料理。

 →

- 2～3 週冷凍保存
- 自然解凍或是以微
  波爐解凍

保存法 2　做成調理包

將醃製好的雞翅烤上色，再用密封袋分裝冷凍保
存，食用前只需要解凍退冰，用烤箱烤熱即能食
用。製作方法請見 p206 美味雞翅調理包。

- 3～4 週冷凍保存
- 自然解凍或是以微波爐解凍

這樣處理更好吃

Tips1

雞翅在料理前，要先用叉子或竹籤在雞翅上戳一些洞洞，可幫助醬料或醃料快速入味，烘烤時還可逼出多餘的油脂讓雞翅更為香酥脆。

Tips2

使用天然辛香料醃製入味，讓雞翅的口感更加美味。

Tips3

牛奶或優格也是醃製雞肉的最佳利器，可以軟化肉質。

Tips4

雞翅用滷的能吃到 Q 彈的雞皮。

Tips5

將醃製好的雞翅裹上粉，炸出的雞翅鮮嫩多汁！

Tips6

雞翅醃製入味，直接放進烤箱烤至金黃就能享用！

紐奧良香辣烤雞翅

紐奧良香辣烤雞翅是美式餐廳的經典開胃菜，醬汁微辣又帶點酸，
醃製入味的雞翅鮮嫩多汁，經過烘烤後表面有點脆又帶些焦香，
就算怕辣的人也會想吃上幾支。這道非常適合朋友聚會開 party 的料理！

食材

雞翅 10 支

·醃料

蒜泥 1 小匙

黑胡椒粉 1 小匙

細砂糖 1 小匙

伍徹斯特辣醬油 1 大匙

墨西哥香料粉 1 小匙

匈牙利紅椒粉 1 小匙

·塗醬

番茄醬 2 大匙

細砂糖 1 大匙

檸檬汁 1 大匙

辣椒粉 ½ 大匙

作法

1　將雞翅戳一些小洞，可幫助醃料入味。

2　雞翅用醃料拌抓均勻，放入冰箱冷藏醃約 2～3 小時。

3　預熱烤箱至 200℃，將醃好的雞翅放在烤盤裡送進烤箱，烘烤約 25 分鐘。

4　將雞翅烤至表面金黃即可出爐。

5　熱鍋開小火，放入塗醬裡的番茄醬及糖拌勻，再加入檸檬汁及辣椒粉拌均勻即可熄火。

6　將塗醬塗抹在烤雞翅上，再次送進烤箱以 200℃烤約 5 分鐘，雞翅烤上色即可出爐。

Tips

雞翅用竹籤或叉子均勻戳些洞口，可加速醃製入味。

韓式雙味炸雞

食材

雞翅 10 支
白芝麻粒適量
油（油炸用）適量

·麵衣
太白粉 100g
咖哩粉 1 大匙
鹽 1 小匙

·醃料
蒜泥 ½ 大匙
薑泥 ½ 大匙
洋蔥泥 1 大匙
牛奶 80cc
胡椒粉 1 小匙
鹽 1 小匙

·醬汁
油 1 大匙
蒜泥 1 小匙
番茄醬 1 大匙
韓式辣椒醬 1 大匙
蜂蜜 1 大匙
白醋 ½ 大匙

每次看電視劇時最想吃韓式炸雞配啤酒了！
有時想吃甜甜辣辣的韓式炸雞、又想吃原味的鮮嫩炸雞，
這時候，韓式雙味炸雞完全能滿足我們的需求呀！
兩種口味一次一起完成，交替著吃不膩口，讓人一口接一口停不下來！

作法

1 雞翅洗淨擦乾水份，用叉子將雞翅表面戳些洞口可幫助入味。

2 準備一個調理碗，將所有的醃料全部混合，放入雞翅醃製 1 小時。

3 將麵衣的材料放在碗裡混合均勻。

4 已醃製好的雞翅，裹上薄薄一層的麵衣。

5 鍋裡倒入適量的油，當油溫達到 170℃時，分次放入雞翅，時而用筷子翻動避免黏鍋，炸約 4 分鐘後取出。取出的雞翅靜置 1～2 分鐘，待油鍋溫度升高至 180℃時，將取出的雞翅再放回油鍋炸 1 分鐘即可起鍋。

6 將所有的醬汁材料倒入鍋裡攪拌一下煮滾，煮至濃稠即可熄火。

7 將一半炸好的雞翅裹上醬汁，均勻撒上白芝麻粒即完成。

Tips

· 油溫判斷方式：放根筷子在油鍋裡，筷子邊開始有小泡泡時，油溫約 170℃。

· 油炸 2 次是為了避免「外酥內生」的狀態。第二次用較高的油溫炸，可讓雞翅表面形成酥脆的口感。

五香滷雞翅

五香滷雞翅不管是配飯、配麵或是做為下酒菜都是一級棒！
只要滷汁調配的好，且熬煮的時間掌握好，美味的五香滷雞翅就能輕鬆完成！
調配好的滷汁不只能滷雞翅也可以滷豆干、海帶等等的食材，
一鍋簡單卻很厲害的滷汁絕對是必學。

食材

雞翅 10 支	·香料滷汁	細冰糖 2 小匙
青蔥 1 根	八角 1 粒	味霖 1/2 大匙
薑片 2 片	桂皮 2 小片	米酒 1 大匙
蒜粒 2 瓣	五香粉 1 小匙	醬油 2 大匙
食用油 1 小匙	胡椒粉 1 小匙	水 300cc

作法

1 雞翅先用熱水川燙，起鍋後用冷水沖洗乾淨。

2 熱油鍋，將蒜粒和薑片、蔥段拌炒出香氣。

3 倒入所有的香料滷汁以中小火煮滾，放入雞翅再次煮滾。

4 將滷汁上的雜質撈除，蓋上鍋蓋轉小火煮約 15 分鐘。

5 煮好的雞翅浸泡在醬汁裡，會更入味！

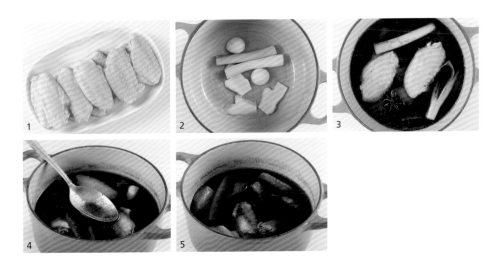

Tips

剩下的滷汁可用於滷豆干、海帶及蕈菇類等食材。

美味雞翅調理包

食材

雞翅 20 支

・醃料

蒜泥 ½ 大匙

薑泥 ½ 大匙

義式香料粉 1 小匙

五香粉 ½ 小匙

黑胡椒粉 1 小匙

紅椒粉 1 小匙

鹽 2 小匙

細砂糖 2 小匙

米酒 1 大匙

香油 ½ 大匙

・包裝

食物密封袋（小）數個

作法

1　用竹籤將雞翅的表皮均勻戳小洞，可幫助快速入味。

2　準備一個調理碗放入雞翅及醃料，用手抓醃入味。

3　放冰箱冷藏醃製至少 2 小時使其入味。

4　烤箱先預熱 200℃，將醃製好的雞翅排放在舖有烘焙紙的烤盤上。

5　烤溫 200℃烘烤 25 分鐘，過程中取出將雞翅翻面，兩面都烤至金黃焦香即完成。

6　烤好的雞翅冷卻後，可用食物密封袋分裝，放冷藏或冷凍保存，享用前退冰加熱即可食用。

泰式酸辣雞翅

泰式酸辣雞翅是我家最愛的經典菜色！
泰式酸辣與雞翅的組合總是能讓身邊好友們讚不絕口，
每次一上桌稍不留神就被搶光啦！
這道料理非常適合與親朋好友共同享用，不論男女老少都很喜歡呢！

食材

美味雞翅調理包 1 份（約 300 克）
泰式酸辣醬（市售）2 大匙
檸檬片半顆
辣椒粉適量

作法

1　將美味雞翅放入烤盤裡，覆蓋一層鋁箔紙送進烤箱以燜烤的方式加熱，烤溫 180℃烤約 5 ～ 8 分鐘，再利用烤箱餘溫燜 10 分鐘。

2　取出雞翅，再淋上泰式酸辣醬拌勻，喜歡辣的話就加一些辣椒粉調味，享用時擠上檸檬汁即可。

奶油蒜香雞翅

第一口吃下去時大為驚人！
原來～溫潤不膩口的奶油蒜香風味和雞翅如此合拍。
自己動手做看看，讓雞翅與奶油蒜香味浪漫的邂逅吧！

食材

美味雞翅調理包 1 份（約 300 克）
蒜片 5 瓣
無鹽奶油 10g
黑胡椒粉少許

作法

1　將美味雞翅放入烤盤裡，覆蓋一層鋁箔紙送進烤箱
以燜烤的方式加熱，烤溫 180℃烤約 5 ～ 8 分鐘，
再利用烤箱餘溫燜 10 分鐘。

2　將奶油放入平底鍋以小火加熱融化，蒜片下鍋炒至
表面焦香狀，放進已加熱好的雞翅裹上奶油蒜香。

3　起鍋擺盤，撒上少許的黑胡椒粉提味即可享用。

全雞

法式烤雞

每逢節慶歡樂時刻，餐桌上一定會出現美味的法式烤雞，

使用濃鹽水以多種辛香料及提味蔬菜浸泡一晚的土雞，是讓烤雞好吃的秘訣之一，

搭配檸檬及香草烘烤入味的烤雞，不只外皮酥脆還帶著淡淡的檸檬香氣，

洋蔥及彩椒等蔬菜更吸收了烤雞美味油脂，化身為充滿雞汁精華的烤蔬菜，

好吃的法式烤雞在家也能享用喔！

食材

土雞 1 隻（約 1.8 公斤）

紫洋蔥 2 顆

黃檸檬 2 顆

彩色甜椒各 1 顆

紅蘿蔔 1 根

西洋芹 1 根

綠花椰菜 1 顆

白酒 100cc

・醃料

無鹽奶油 30g

匈牙利紅椒粉 2 小匙

胡椒粉 1 小匙

義式香料粉 1 小匙

・濃鹽水

水 1000cc

粗海鹽 50g（5%）

洋蔥絲 1 顆（小）

蒜片 3 瓣

月桂葉 2 片

迷迭香 5 小枝

奧勒岡 2 小枝

黃檸檬片 1 顆

橄欖油 1 小匙

Tips

・濃鹽水的資訊參考：《輕鬆打造完美廚藝》Michael Ruhiman 所著。

・土雞浸泡在濃鹽水後，鹽讓雞肉變得更鮮嫩多汁，香料的味道更能增添風味！

・烤雞的雞肉香甜多汁秘訣之一，除了上述的濃鹽水之外，就是在土雞的內部放入蔬菜，在長時間烘烤的過程，雞肉內部達到恆溫受熱且雞肉水分不會被烤乾。

作法

1 　將土雞清洗乾淨，用餐巾紙擦拭乾淨（土雞內部需擦乾），將雞頭及雞腳切開不用（可留下燉煮高湯用）。紫洋蔥等蔬菜切塊備用。

2 　製作濃鹽水：將洋蔥絲及蒜片用橄欖油拌炒一下，倒入一半的水和粗海鹽及所有的香料、檸檬片煮小滾後熄火，浸泡約 20 分鐘，冷卻後再倒入剩餘的水即為濃鹽水。

3 　將土雞放入冷卻後的濃鹽水裡，放冰箱冷藏浸泡 8 ～ 24 小時。

4 　浸泡好的土雞取出，用清水沖洗一下擦乾水份（包括雞肚內部份）；將醃料混合好，用醃料將土雞（內外）全部抹均勻，稍加按摩讓它入味。再將一部份的醃料塞入雞肉和皮裡面（可在雞胸、雞頭部位小心撐開塞入奶油）。

5 　大烤盤裡放入切塊的蔬菜，將一部份的洋蔥塊及檸檬和蔬菜放入雞肚子裡，用棉線將雞腿關節處綁好。

6 　倒入白酒，這樣可避免烤雞過程中造成雞肉黏鍋，亦可將吸滿雞汁精華的蔬菜當配菜。完成後蓋上一層鋁箔紙或烘焙紙，烤箱設定攝氏 220℃，烘烤時間約 1 小時 30 分鐘。烘烤至 60 ～ 70 分鐘時將鋁箔紙拿掉，再將烤雞兩面都烘烤上色。

7 　烤雞完成後拿出烤箱靜置 10 ～ 15 分鐘再切，這樣可將雞肉鮮美多汁封鎖住。

韓式人蔘糯米雞

食材

土雞 1 隻（約 1.6 公斤）　鹽適量

糯米 80g　蔥花少許

水蔘或蔘鬚 3 根　・打漿用

紅棗 8 顆　糯米 50g

新鮮栗子 6 顆　白芝麻 1 大匙

薑片 3 片　熟花生粒 1.5 大匙

去皮蒜粒 3 瓣

暖呼呼的韓式人蔘糯米雞，最適合冬天冷冷的時候大家一起品嚐～
湯中不只有土雞肉的鮮甜，更有著人蔘的精華，
一口充滿堅果米香營養的雞湯、一口肉質 Q 彈的雞肉
再配上吸飽精華的糯米粥，不只暖了胃也補充許多營養，道地的韓式美味席捲而來！

作法

1 蒜粒切片，糯米清洗後，用清水浸泡 2 小時瀝乾備用。

2 將土雞的雞爪和雞脖子剁下，可留做熬煮雞高湯使用，並將土雞多的肥油取下。

3 準備一個調理碗，將一半的栗子和紅棗、一根蔘鬚、80g 的糯米及蒜片全部混合，用湯匙將餡料都放進雞肚裡。

4 用一小段的棉繩將土雞腳環綁好，放入直徑 26 公分的鑄鐵鍋裡，注入適量的水，水量超過土雞即可。將剩餘的紅棗、栗子、薑片及蔘鬚都放入一起燉煮。

5 以中大火煮滾，撈除湯頭上的浮末雜質，蓋上鍋蓋轉小火慢燉 60 分鐘，熄火後再燜 20 分鐘。

6 用果汁機將糯米 50g ＋白芝麻粒＋熟花生粒，加一米杯的開水打成米漿，倒入雞湯裡再次煮滾，熄火前加入少許的鹽調味，享用時撒上蔥花即可。

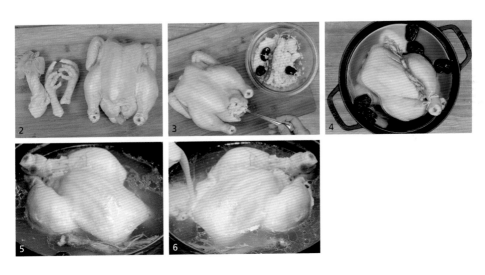

Tips

· 土雞的雞爪及雞脖子可川燙後，再放進薑片及根莖類蔬菜，加入適量的水熬煮約 35 ～ 40 分鐘，即為雞高湯。

· 人蔘糯米雞湯好喝的秘訣之一就是：充滿米香與堅果香的濃稠湯頭，將一部份的糯米加上適量的熟花生粒及芝麻粒打成漿，與雞湯融合一體更甚是美味！

熟食與燒烤肉片
Barbecue

04

烤雞 chicken

熟食區的烤全雞、烤大腿等可說是 Costco 的熱門商品，大烤箱現烤香氣四溢的誘人美味，是家庭聚餐或三五好友聚會時的最佳選擇。大家不用擔心大份量買回家吃不完，或是單一口味會吃膩，馬上來瞧瞧吃不完的烤雞如何大變身成全新的料理。

 美式大烤雞 (189/1 入)　　　烤雞大腿 (299/8 入)

保存法 　依雞骨、雞肉、雞絲分開保存

1　吃不完的烤全雞、烤大腿等，可以將雞骨架拿來熬湯，整片雞腿肉可做三明治，雞絲可做蓋飯、沙拉等。

2　如當天未使用完畢，可依習慣的份量分裝好，先用保鮮膜包起來，再裝進食物密封袋中，註明食材品項／分裝日期／重量，放進冰箱冷凍保存，下次要使用時當天拿出來退冰加熱即可。

吃不完的烤雞、烤雞大腿等，可以如圖將雞肉全部取下。

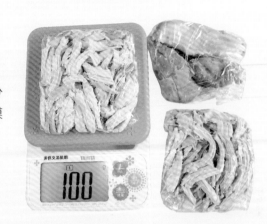

可依習慣的份量分裝好，先用保鮮膜包起來。

再裝進食物密封袋註明日期及份量後，平放冷凍保存。

- 3～4週冷凍保存
- 自然解凍或是以微波爐解凍

★熟食區的德國豬腳，可參考烤雞的保存法，一樣可依照豬腳肉、豬骨分開保存，完全不浪費！

洋蔥雞肉滑蛋蓋飯

只要雞肉、雞蛋及洋蔥三種食材，

在 10 分鐘內就可完成這道鹹中帶甜、滑蛋嫩口美味的蓋飯，

烤雞瞬間完美大變身。

食材

雞肉絲 100g
蛋 1 顆
洋蔥 ¼ 顆
青蔥 1 根
熱白飯 1 碗

· 調味料

日式高湯 100cc
醬油 1 大匙
味霖 1 小匙
清酒 1 大匙
七味粉 適量
海苔絲 適量

作法

1 調製醬汁：青蔥切細絲（蔥綠泡水，蔥白不用），洋蔥逆紋切絲，醬油、味霖及清酒調勻成醬汁。雞蛋略打散。

2 取一小鍋放入洋蔥絲、蔥白絲、日式高湯及醬汁，蓋上鍋蓋煮滾至洋蔥變軟。

3 放入雞肉絲略拌。

4 畫圓倒入 1/2 蛋液煮 20 秒左右後，再倒入剩下的蛋液，並舖些蔥綠絲蓋上鍋蓋熄火，悶 20 ～ 25 秒。

5 開蓋，將步驟 4 倒入大深碗的熱白飯上，撒上七味粉及海苔絲即可。

Tips

· 蛋液不要將蛋白、蛋黃完全混合打勻，只要略打散，這樣滑蛋有白有黃才好看。

· 洋蔥逆紋切比較容易釋出甜味且較易熟軟。

和風雞絲沙拉

各式蔬果配上雞肉絲，淋上日式和風醬，纖維質和蛋白質都有了，
清爽健康又營養，美味無負擔。

食材

雞肉絲 100g   白煮蛋 1 顆

蘿蔓葉 6 片   ・調味料

小番茄 10 顆   市售日式和風醬適量

小黃瓜 1 根

作法

1　蘿蔓葉、小黃瓜及小番茄洗淨瀝乾水分備用。

2　小黃瓜用削皮刀刨成長條片狀。

3　蘿蔓葉切塊、小番茄對切、水煮蛋切片。

4　取一大盤先舖上蘿蔓葉及小黃瓜條，再放上雞肉絲、小番茄及水煮蛋片。

5　最後淋上適量和風醬即可享用。

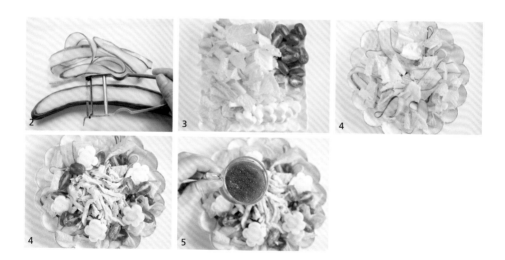

Tips

・可以用自己喜歡的各式生菜或水果、醬汁，加入各式綜合堅果也很不賴。

・因為要生食，生菜請確實洗淨，且記得最後用開水沖過並瀝乾水份。

活力雞肉三明治

烤香的吐司，夾上煎香的雞肉和蔬果，
無論當早餐或點心都很適合喔。

食材

雞肉塊 100g
吐司 2 片
起司 1 片
美生菜 2 ～ 3 片
牛番茄 3 ～ 4 片

‧調味料

美乃滋適量

作法

1　熱鍋先將雞肉煎熱。

2　吐司烤過後趁熱放上起司,接著放生菜、牛番茄片,擠些美乃滋。

3　放上煎熱的雞肉、牛番茄片及生菜,最後再擠些美乃滋,然後蓋上另一片吐
　　司對切即可。

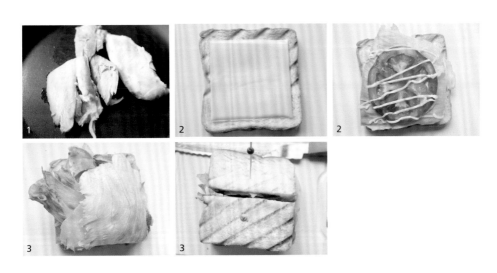

Tips

‧ 雞肉只要加熱就好,不要煎太久以免太柴。

‧ 生菜也可以換成小黃瓜片。

雞骨百菇湯

用烤雞的雞骨架熬煮的高湯多了份烤肉香氣，
加入各式健康鮮菇只要簡單的調味，
湯鮮味美非常好喝。

食材

雞骨架一副
金針菇 50g
鮮香菇 100g
鴻喜菇 100g
袖珍菇 100g
紅蘿蔔 100g
香菜 1 株

・調味料
水 1500cc
鹽適量
白胡椒粉少許
香油少許

作法

1 所有食材洗淨（金針菇需先切掉底部後再清洗），鮮香菇洗淨切片、紅蘿蔔削皮切粗絲、香菜切碎。

2 冷水鍋放入雞骨架大火煮滾後，蓋上鍋蓋轉中小火煮 20 分鐘，撈起雞骨架及雜質。

3 放入紅蘿蔔絲及所有鮮菇煮 15 分鐘左右，加入鹽、白胡椒粉及香油調味，並撒上香菜即可。

Tips

最後也可以淋上蛋花加些黑醋，這樣就變身鮮菇酸辣湯。

塔香蔥爆豬腳

切塊的豬腳加入青蔥及九層塔快炒調味過，

3 分鐘搖身一變成為香噴噴的超下飯料理，當下酒菜也非常適合。

🧺 德國豬腳 (379/1kg)

食材

德國豬腳 300g	‧調味料
青蔥 2 根	甜麵醬 2 大匙
九層塔 1 小碗	醬油 1 大匙
蒜頭 1 瓣	水 80cc
紅辣椒 ¼ 根	白胡椒粉少許
	米酒 1 大匙

作法

1 德國豬腳切塊、青蔥洗淨切段、蒜頭切片、辣椒切片、九層塔洗淨。甜麵醬、醬油及水調勻備用。

2 熱油鍋放入蔥白、蒜片及辣椒炒香。

3 豬腳快炒後，接著放入調勻的醬料拌炒至豬腳吸收醬汁。

4 撒些少許白胡椒粉，並放蔥綠及九層塔後嗆入 1 大匙米酒，大火快炒幾秒熄火即完成。

豬腳燉菜

烤過的豬腳和新鮮的蔬菜燉煮後，

蔬菜吸收了豬腳皮釋出的油脂顯得潤口清甜，

豬腳也變得格外清爽軟嫩更加美味！

食材

德國豬腳 200g
大白菜 ½ 顆
杏鮑菇 3 根
牛番茄 1 顆
黑木耳 2 片
青蔥 2 根

· 調味料
米酒 2 大匙
水 500cc
白胡椒粉少許
鹽適量

作法

1　豬腳切塊（或厚片）、大白菜洗淨切大塊、杏鮑菇和番茄洗淨切塊、黑木耳切粗條、青蔥洗淨切長段。

2　取一深湯鍋，先放入大白菜及青蔥段。

3　接著放入所有其他蔬果及豬腳塊後，注入水及米酒。

4　開火煮滾後，蓋上鍋蓋轉中小火燉煮 40 分鐘，加入鹽及白胡椒粉調味即完成。

玉米蘿蔔豬骨湯

吃完肉剩下的豬腳骨千萬不要丟棄喔，因為烤過有著香氣，

和玉米及蘿蔔一起熬煮成湯，湯頭別有一番風味，非常的好喝！

食材

德國豬腳豬骨 2 根　　・調味料

玉米 1 根　　　　　　水 1000CC

白蘿蔔 300g　　　　　鹽 1 小匙

紅蘿蔔 150g　　　　　白胡椒粉少許

香菜 1 株

作法

1　玉米洗淨切塊、紅白蘿蔔洗淨削皮切塊、香菜洗淨切末備用。

2　準備一個湯鍋，放入玉米、紅白蘿蔔、豬腳骨及水，煮滾蓋上鍋蓋後中小火煮 30 分鐘。

3　撒上香菜，並加入鹽及白胡椒粉調味即可。

烤沙茶里肌肉片

刷上沙茶烤肉醬的里肌肉片，
不論單吃或是搭配上生菜或夾吐司都很美味喔。

台灣豬里肌心燒肉片 (279/1kg)

食材

豬里肌心燒肉片 8～9 片
（約 1 斤）
鳳梨丁 30g

・刷醬

萬用沙茶烤肉醬（作法請
見 p240 萬用沙茶烤肉醬）

・調味料

鹽 1 茶匙

白胡椒粉 1 茶匙

米酒 2 大匙

作法

1　里肌肉片用肉錘敲打斷筋，周圍的筋用刀子切斷，放入所有調味料及鳳梨丁，
　　抓勻按摩一下後醃製 15 分鐘。

2　將肉片烤熟，兩面刷上適量萬用沙茶烤肉醬再烤香即可。

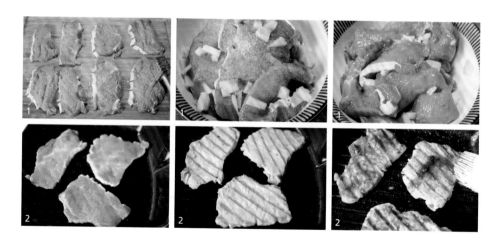

Tips

・鳳梨酵素會軟化肉質，但也不要醃超過 20 分鐘，否則會過頭，肉質口感反而
　變差。

・等肉熟了再塗烤肉醬，不要生肉的時候就猛塗，這樣容易烤焦。

燒烤秋葵肉捲

秋葵和肉片做成肉捲，刷上酸甜鳳梨烤肉醬，
不僅健康又美味，可愛星星造型還很吸睛喔。

食材

豬里肌心燒肉片 5 片
秋葵 10 根

・調味料

蒜味鳳梨蘋果烤肉醬 5 大匙
（作法請見 P241 蒜味鳳梨蘋果
烤肉醬）

鹽適量
中筋麵粉適量
水 40cc

作法

1 將肉片用肉錘用力斷筋敲成薄片，表面撒些鹽，並將每片對切成兩片。

2 秋葵洗淨削去蒂頭的粗纖維外皮。

3 將肉片灑上一些中筋麵粉，並放上秋葵捲起來，結合處可以撒些中筋麵粉幫助黏合。

4 熱油鍋，將肉捲接合處朝下先煎幫助定型，接著將表面煎烤至變色金黃。

5 淋上烤肉醬及水拌勻，蓋上鍋蓋小火悶 2 分鐘，開蓋翻動肉捲讓表面均勻裹上醬料燒至醬汁收乾即可，切開中間會有可愛的星星造型喔。

Tips

・可直接串起烤熟，反覆刷上烤肉醬烤香。

・可以撒些白芝麻一起吃。

義式黑醋燒烤肉片

義式黑醋又名義式香醋,一般可搭配橄欖油做麵包沾醬,
也適用於調製沙拉的油醋醬。
由於有著濃厚的風味,只要中和一點甜味後拿來當肉片的刷醬,
燒烤後整個香氣四溢,酸甜口感更是讓食慾大爆發!

美國無骨牛小排燒烤肉片 (659/1kg)

食材

牛小排燒烤肉片 400g
蒜頭 1 瓣

・調味料

義大利黑醋 2 大匙
味霖 2 大匙
鹽適量
粗黑胡椒粒適量

作法

1　蒜頭磨泥，將義大利黑醋、味霖及蒜泥混合拌勻。

2　加熱烤盤，放入牛小排燒肉片後灑上適量的鹽。

3　肉片兩面刷上醬汁燒烤熟後，撒上適量的現磨粗黑胡椒粒即可。

Tips

・這邊使用的是 Costco Blaze 義大利黑醋，當沾醬或沙拉油醋醬都很適合。

・若要烤多一點肉片，可依比例調製更多的醬汁。

韓式燒肉

加入水梨、奇異果及各式調味料所自製的韓式醃肉醬，
味道不僅不會死鹹，反而是甘甜且果香芳馥。
牛小排肉片放入醃製一晚入味後，一上烤盤馬上香氣四溢，
烤好後撒上芝麻再包上生菜大口塞進嘴裡，
哇～～有說不出的大大滿足感呀！

食材

牛小排燒烤肉片 600g	・調味料
水梨 60g	醬油 80cc
奇異果 20g	水 90cc
洋蔥 30g	味霖 2 大匙
蒜頭 1 瓣	砂糖 1 大匙
薑 1 小塊	蜂蜜 1 大匙
熟白芝麻適量	太白粉 2 小匙

作法

1　所有調味料混合拌勻後煮至糖完全融化，降溫放涼備用。

2　水梨、奇異果、洋蔥、蒜頭及薑切小塊後，用食物調理器打成泥。

3　將步驟 1、2 混合後，放入肉片醃製冷藏一晚。

4　加熱烤盤放上肉片烤熟後，撒上白芝麻即可。

Tips

・可適量刷上醃肉醬一起燒烤，味道更香。

・奇異果請用較熟軟的以免太酸。

・烤好的肉片可包上生菜一起享用，既健康又美味。

萬用沙茶烤肉醬

沙茶烤肉醬可說是百搭又受歡迎的口味,可以當醃料也能當刷醬,適合各種肉類。
而且自己調製可以控制鹹甜度,不怕口味太重增加負擔。

食材

沙茶醬 2 大匙

醬油膏 3 大匙

蠔油 1 大匙

味霖 2 大匙

蒜泥 1 大匙

五香粉少許

白胡椒粉 1 茶匙

作法

將所有材料混合拌勻即可。

Tips

· 自製烤肉醬請當天使用完畢。

· 適用於各種肉類刷醬。

蒜味鳳梨蘋果烤肉醬

利用天然水果自製的蒜味鳳梨蘋果烤肉醬口味清爽,其中鳳梨酵素不僅能嫩化肉質,
大蒜中的蒜素還有防癌、抗菌等作用,讓烤肉變得健康又少負擔。

食材

鳳梨 200g

蘋果 100g

蒜頭 8 瓣

醬油膏 5 大匙

冰糖 1 大匙

水 60cc

作法

1 取一小鍋放入水、醬油膏及冰糖,小火拌勻煮至冰糖全部融化後放涼備用。

2 蒜頭去皮,和鳳梨、蘋果一起打成泥後,加入步驟 1 混合即可。

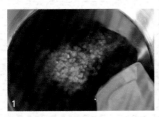
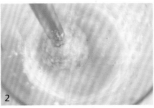

Tips

自製水果烤肉醬請當天使用完畢。

05

火鍋 Hot pot

麻辣鍋

對於愛吃辣的人，麻辣鍋絕對是最佳選擇。

麻辣夠味的湯頭加上各種食材的風味，食材經過麻辣鍋的洗禮，都會變得非常好吃呀！

而燉煮入味的鴨血跟豆干更是麻辣鍋的必備，讓人一年四季都想吃呢！

食材

牛梅花薄切 300g	鴨肉丸 6 顆	·麻辣鍋底	醬油 1 大匙
原味豆干 3 片	玉米筍 5 根	洋蔥絲半顆	海鹽少許
白蘿蔔 3 大塊	蔬菜適量	蔥段 2 根	食用油少許
鴨血 200g	甜不辣適量	辣椒 3 根	高湯 1000cc
蒟蒻 6 小塊	豆皮適量	麻辣鍋底醬（市售）3 大匙	
米血糕 4 小塊	各式蕈菇適量	麻辣滷包 1 小包	

美國牛梅花薄切 (459/1kg)

作法

1　將各種蕈菇去除蒂頭，快速過水洗淨；鴨血用熱水煮滾 5 分鐘，去除雜質及血水再瀝乾備用；豆干的表面用刀輕輕劃出格紋狀，可幫助燉煮入味。

2　白蘿蔔去皮切輪狀，用熱水川燙殺菁。

3　蒟蒻用熱水加上一匙米醋煮 3～5 分鐘後，瀝乾沖冷水備用。

4　倒入油熱鍋後，將洋蔥絲、蔥段及辣椒下鍋拌炒出香氣。

5　洋蔥炒至透明狀時，加入麻辣鍋底醬炒出香氣。

6　從鍋緣倒入醬油嗆出香氣，再加高湯及麻辣滷包煮滾，依序放豆干及鴨血再次煮滾後，蓋上鍋蓋轉小火燉煮約 40 分鐘。

7　當豆干及鴨血入味後，依序放入白蘿蔔、蒟蒻、米血糕等食材燉煮約 20 分鐘，再加入少許的海鹽調味，比較快熟的火鍋肉片、蕈菇類及蔬菜可在完成前 3 分鐘放進煮熟即可。

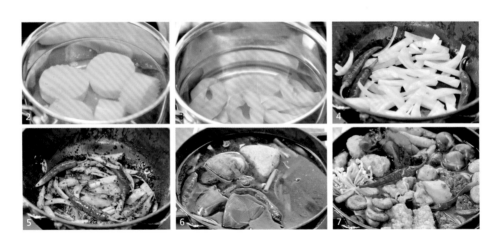

Tips

· 可選擇個人喜愛的麻辣鍋底醬及麻辣滷包，在各大超市或大賣場都可買到這類商品。

· 鴨血、蘿蔔及蒟蒻等食材，在料理前都要用熱水川燙或水煮個別作處理，才能下鍋一起滷製。

韓式部隊鍋

韓式辣醬、罐裝火腿、年糕、起司片、拉麵，看見這五樣食材時你會先想到什麼料理呢？絕對是最道地的韓式部隊鍋！在 1950 年代朝鮮戰爭過後，由於戰爭導致物資短缺，於是韓國人用美軍留下的物資做成了這道料理，而現今韓式部隊鍋依然受到大家的喜愛！

食材

牛梅花薄切 300g	辛拉麵 1 包	・醬料
午餐肉罐頭 1 罐（340g）	起司 1 片	辣椒粉 1 大匙
豆子罐頭 100g	鴻喜菇適量	韓式辣椒醬 1 大匙
熱狗 5 根	洋蔥半顆	醬油 1.5 大匙
板豆腐一大塊	蔥段 3 根	米酒 2 大匙
韓式泡菜 120g	昆布水 800cc	蒜泥 ½ 大匙
韓式年糕 120g		細砂糖 ½ 大匙
		黑胡椒粉 1 小匙

作法

1 鴻喜菇去除蒂頭清洗備用、年糕先用熱水煮軟備用、將昆布（約 10 公分）浸泡在冷水中 1 小時備用。

2 將醬料放入調理碗裡，全部混合均勻。

3 洋蔥切輪狀、午餐肉及豆腐皆切成 1 公分厚的寬度、熱狗切片使用。

4 使用一個寬口的淺鍋，依序排放好所有的食材（辛拉麵、起司及豆子罐頭除外）。

5 倒入調好的醬汁，辣度可依個人的喜愛做調整。

6 加入昆布高湯，以中小火煮滾。

7 煮至所有食材快熟時，放入豆子、拉麵及起司，麵條煮軟即可熄火。

Tips

昆布高湯：可以將剩下的昆布切成小塊，一起放入鍋裡煮再享用。

沙茶火鍋

沙茶醬是大家不可或缺的好朋友，不管蒸煮炒還是煮火鍋，
甚至是作成沾醬都是一絕，沙茶火鍋更是火鍋中的經典美味！
而厚實的大骨湯底搭配萬年不敗的沙茶醬，加上大白菜的鮮甜，
不管涮什麼絕對都是百分百的好吃！

食材

牛梅花薄切 300g	・海鮮類	・火鍋料
大白菜 1 顆	鮮蝦 8 尾	魚餃適量
洋蔥絲半顆	中捲 1 尾	花枝餃適量
蔥段 2 根	蛤蜊 15 顆	香菇餃適量
沙茶醬 ½ 大匙	・蕈菇蔬菜類	起司丸適量
沙茶蒜辣醬適量	各式菇類適量	鴨肉丸適量
高湯 2000cc	各式蔬菜適量	凍豆腐適量
		豆皮適量
		炸芋頭適量

作法

1　將大白菜清洗後切塊，鮮蝦需先去除腸泥，蛤蜊先吐沙才能使用，中捲去除內臟再切塊。火鍋配料可依個人喜愛來挑選。

2　準備一個大土鍋，倒入一匙油以中小火炒香洋蔥絲及蔥段。

3　加入沙茶醬炒香，倒入高湯煮滾。

4　放入大白菜梗、玉米及鮮香菇煮滾。

5　再放入其他的配料，如火鍋料及凍豆腐。

6　食用前放入容易煮熟的海鮮類，邊吃邊涮火鍋肉片及蔬菜，搭配沙茶蒜辣醬非常對味！

Tips

· 火鍋的湯頭建議使用大骨湯，將豬大骨川燙後，再注入清水加進薑片及豬大骨細火熬煮出濃郁的高湯。

· 品嚐火鍋時，建議先將需要熬煮的食材下鍋，容易煮熟的海鮮、肉片及薑菇蔬菜等，以邊涮邊吃更能嚐到食材的鮮美及口感。

壽喜燒

濃郁的柴魚湯底搭配味霖及昆布調味，是鹹鹹甜甜的日式風格。

壽喜鍋的美味關鍵，最重要的就是醬汁比例，

再加上豐富的食材與新鮮菇類相佐，

就算在炎炎的夏日也能讓人胃口大開再多吃幾碗飯呢！

食材

牛梅花薄切 300g	金針菇 1 包	・壽喜燒醬汁
板豆腐 1 大塊	綠花椰 3 朵	柴魚片 15g
蒟蒻絲 300g	秋葵 10 根	味霖 120cc
大白菜 1 小顆	洋蔥半顆	醬油 120cc
鴻喜菇 1 包	蔥段 3 根	細砂糖 1.5 大匙
鮮香菇 3 朵		昆布水 150cc

作法

1 將蕈菇類去除蒂頭，過水洗淨備用；洋蔥切絲、大白菜切塊狀；蒟蒻絲用熱水加一匙米醋煮約 3 分鐘，再用冷水沖洗後瀝乾備用；將昆布（長度約 10 公分）浸泡在冷水約 1 小時，即為昆布水。

2 製作醬汁：準備一個醬汁鍋，倒入味霖煮滾約 1 分鐘，加入醬油再次煮滾，放入柴魚片後熄火。

3 等待柴魚片完全吸收醬汁，使用細濾網濾出醬汁備用。

4 將煮好的醬汁倒入昆布水裡，再加入細砂糖攪拌均勻，即為壽喜燒醬汁。

5 板豆腐切塊後，用廚房紙巾去除多餘水份，再用煎鍋稍微煎上色。

6 準備一個寬口淺鍋，依序將食材排放好。倒入醬汁，以中火煮滾，食材都煮熟後即可享用。

Tips

· 壽喜燒醬汁剩下的柴魚片可別浪費，可炒乾醬汁後，撒上少許的白芝麻變成美味的柴魚鬆。

· 壽喜燒醬汁是日式家常料理中常會使用的醬汁，適用於鍋物湯底、燉煮的醬汁，以及佃煮、醬燒料理都非常適合。完成的醬汁可用乾淨的空罐裝瓶，放冰箱冷藏可存放 1 週。

· 將昆布（長度約 10 公分）浸泡在冷水約 1 小時，即為昆布高湯，亦可從前一晚浸泡放冰箱冷藏至少 6 小時，就是美味的昆布高湯。昆布不適合水煮過久，昆布會釋出黏液湯頭會變混濁。

沙茶蒜辣醬

吃火鍋時總是少不了沾醬，而沙茶醬則是最百搭的醬料，
加入醬油＋蔥花及辣椒蒜末調味，鹹香又夠味！

食材

沙茶醬 2 大匙	蔥花適量
醬油 1 大匙	辣椒末適量
烏醋 1 小匙	蒜末適量
細砂糖 2 小匙	
芝麻香油 1 小匙	

作法

將所有材料混合均勻即可，可
用少許的開水來調整沾醬的濃
稠度。

胡麻味噌醬

火鍋的食材新鮮，吃原味最好！
而這道胡麻味噌醬最能引出食物的豐厚美味，又不會搶了食材的天然鮮甜滋味呢～

食材

白芝麻醬 2 大匙
味噌 1 大匙
細砂糖 2 小匙
芝麻香油 1 小匙
開水少許

作法

將所有材料混合均勻（開水除
外），沾醬的濃稠度可用開水
做調整。

Tips

味噌建議選用紅味噌，味道較豐富。

醋香沾醬

海鮮及肉片的鮮甜滋味，在醋香提味下更顯出食材的天然美味，
吃起來更加爽口且無負擔。

食材

柚子醋或果醋 2 大匙

日式醬油 1 大匙

細砂糖 1 小匙

檸檬皮或柑橘皮屑少許

作法

將所有材料混合即可。

2AB849X

Costco
肉料理好食提案

百萬網友都說讚！
100 道最想吃的肉類分裝、保存、
調理包、精選食譜
暢銷修訂版

國家圖書館出版品預行編目 (CIP) 資料

Costco肉料理好食提案：百萬網友都說讚！100道最想
吃的肉類分裝、保存、調理包、精選食譜 暢銷修訂版/
Amy、Rachel. –修訂1版. -- 臺北市：創意市集出版：城
邦文化發行, 民110.12
　　面；　公分
ISBN 978-986-0769-44-9(平裝)

1.肉類食譜

427.2　　　　　　　　　　　　　　　　　110015767

作　　　者	Amy、Rachel	
責 任 編 輯	李素卿	
主　　編	溫淑閔	
版 面 構 成	江麗姿	
封 面 設 計	走路花工作室	

行 銷 企 劃　辛政遠、楊惠潔
總 編 輯　姚蜀芸
副 社 長　黃錫鉉

總 經 理　吳濱伶
發 行 人　何飛鵬
出 版　創意市集

發 行　城邦文化事業股份有限公司
　　　　歡迎光臨城邦讀書花園
網 址　www.cite.com.tw

香港發行所　城邦（香港）出版集團有限公司
　　　　　　香港灣仔駱克道193號東超商業中心1樓
　　　　　　電話：(852) 25086231
　　　　　　傳真：(852) 25789337
　　　　　　E-mail：hkcite@biznetvigator.com

馬新發行所　城邦（馬新）出版集團
　　　　　　Cite (M) Sdn Bhd
　　　　　　41, Jalan Radin Anum, Bandar Baru Sri
　　　　　　Petaling, 57000 Kuala Lumpur, Malaysia.
　　　　　　電話：(603) 90578822
　　　　　　傳真：(603) 90576622
　　　　　　E-mail：cite@cite.com.my

印 刷　凱林彩印股份有限公司
2022年（民111）10月 2 版 3 刷
Printed in Taiwan
定 價　420元

客戶服務中心
地址：10483台北市中山區民生東路二段141號B1
服務電話：（02）2500-7718、（02）2500-7719
服務時間：周一至周五 9：30～18：00
24小時傳真專線：（02）2500-1990～3
E-mail：service@readingclub.com.tw

※廠商合作、作者投稿、讀者意見回饋，請至：
FB粉絲團・http://www.facebook.com/InnoFair
Email信箱・ifbook@hmg.com.tw

※ 詢問書籍問題前，請註明您所購買的書名及書號，以及在哪一
頁有問題，以便我們能加快處理速度為您服務。

※ 我們的回答範圍，恕僅限書籍本身問題及內容撰寫不清楚的地
方，關於軟體、硬體本身的問題及衍生的操作狀況，請向原廠
商洽詢處理。